RFID

Geschäftsprozesse mit Funktechnologie unterstützen

Anwendungsbeispiele und Planungsleitfaden

hessen-media Band 54

Mirco Sander
Karsten Stieler

Hessisches Ministerium für Wirtschaft,
Verkehr und Landesentwicklung

HA Hessen Agentur GmbH
hessen-it
Abraham-Lincoln-Straße 38-42
65189 Wiesbaden

Telefon 0611/774-8481
Telefax 0611/774-8620
E-Mail info@hessen-it.de
Internet www.hessen-it.de

Redaktionsteam:
Mirco Sander
Karsten Stieler
Christian Flory
Olaf Jüptner
Wolf-Martin Ahrend
Gabriele Medewisch

in Zusammenarbeit mit hessen-it

Layout / Satz: WerbeAtelier Theißen, Lohfelden
Druck: Werbedruck Schreckhase, Spangenberg

Alle Bilder erscheinen mit freundlicher
Genehmigung der genannten Quellen.

ISBN 3-939358-54-1
ISBN (ab 01.01.2007) 978-3-939358-54-1

Bibliografische Informationen der Deutschen
Bibliothek: Die Deutsche Bibliothek verzeichnet
diese Publikation in der Deutschen National-
bibliografie; detaillierte bibliografische Daten
sind im Internet über http://dnb.ddb.de abrufbar.

Obwohl Radio Frequency Identification (RFID) bereits vor etwa 60 Jahren zum ersten Mal eingesetzt wurde, ist die Technologie erst in den letzten Jahren stärker in den Focus der Öffentlichkeit gerückt. Insbesondere die informations- und telekommunikationstechnologische Entwicklung sowie die zunehmende Standardisierung haben sichtlich zur Verbreiterung innovativer Einsatzszenarien der Funktechnologie beigetragen.

RFID als Autoidentifikationstechnologie in betrieblichen und logistischen Prozessen, als Anwendung in Handel, Fertigung oder Transport sowie in der Produktverfolgung steht kurz vor dem Sprung zur Massenanwendung. Große Konzerne verfolgen erfolgreiche Pilotprojekte, kleine und mittlere Unternehmen (KMU) sind darin eingebunden oder entwickeln eigene Lösungen. Gleichwohl gibt es vor allem unter KMUs, für die eine Implementierung der Technik eine erhebliche Kosten- und Ressourcenbelastung darstellt, noch eine Vielzahl offener Fragen. Sie müssen entscheiden, ob, wann und wie sie an der Entwicklung teilnehmen oder stellen aber fest, dass sie daran teilhaben müssen, um Geschäftsbeziehungen auf einer gemeinsamen technologischen Basis fortführen zu können.

Automatische Identifikation kann für Fehlerminimierung und Prozesssicherheit sorgen, sie schafft Transparenz in Prozessen, so dass sich über kontinuierlich verfügbare und verlässlich gewonnene Daten Prozessoptimierungen realisieren lassen können. Die gesetzlich vorgeschriebene Rückverfolgbarkeit im Lebensmittelbereich z. B. stellt Hersteller, Transporteure und Händler vor neue Herausforderungen, die aber im Rahmen eines optimierten Qualitäts- oder Logistikkonzepts mit RFID erfolgreich gelöst werden können.

Diese Broschüre zeigt anhand von verschiedenen Anwendungsfeldern, welche Hardwarespezifikationen dafür geeignet sind und wie Fehler bei der Implementierung vermieden werden können. Als weiteren Service finden Sie im Anhang die Adressen von Anbietern der RFID-Technologie, damit Sie sich gezielt kompetente und persönliche Beratung bei der Umsetzung Ihres Vorhabens suchen können.

Für weitere Fragen und Anregungen steht Ihnen natürlich auch das hessen-it-Projektteam bei der Hessen Agentur gerne zur Verfügung.

Alois Rhiel

Dr. Alois Rhiel, Hessischer Minister für Wirtschaft, Verkehr und Landesentwicklung

RFID
Geschäftsprozesse mit Funktechnologie unterstützen

1 Einleitung 1

2 Grundlagen der RFID-Technologie 5

2.1 Funktionsweise 5

2.2 Standardisierung 9

2.3 Abgrenzung von RFID-Verfahren 15

2.4 Universitäre Forschung und Ausbildung zur RFID in Hessen 17

3 Anforderungen an Datensicherheit und Datenschutz 20

3.1 RFID und betriebliche Datensicherheit 21

3.2 RFID und Datenschutz 22

4 Anwendungsbereiche von RFID-Systemen 24

4.1 Die wichtigsten Anwendungsbereiche im Überblick 24

4.2 Schwerpunkte der RFID-Technik in der Wertschöpfungskette 25

5 Best-practice Beispiele in Unternehmen 30

5.1 Fall 1: RFID in der Tiefkühllogistik 30

5.2 Fall 2: RFID in der Werkzeugverwaltung 36

5.3 Fall 3: RFID in der Hochregallagerlogistik 40

5.4 Fall 4: RFID zur Optimierung des Rollbehälterumlaufs 44

5.5 Fall 5: RFID in der Konsumgüterindustrie und Handelslogistik 47

6 Leitfaden für mittelständische Unternehmen 53

6.1 Bestimmung des Anwendungsfeldes 54

6.2 Problembeschreibung und Zielfestsetzung 54

6.3 Unternehmensinterne oder -übergreifende Lösung 56

6.4 Auswahlkriterien für die Hardware 57

6.5 Standardisierung der RFID-Technologie 60

6.6 Einbindung in das bestehende EDV-System 60

6.7 Wirtschaftlichkeitsanalyse 62

6.8 Entscheidungsfindung 66

7 Fazit 69

8 Abkürzungsverzeichnis 72

9 Anbieterverzeichnis 73

10 Die Aktionslinie hessen-it 85

11 hessen-media: Eine Initiative setzt Zeichen 87

Schriftenreihe hessen-media 89

Schriftenreihe hessen-media: Neuerscheinungen

2006

Internet-Marketing nicht nur für kleine und mittlere Unternehmen

Basel II – Rating für IT-Unternehmen

RFID – Geschäftsprozesse mit Funktechnologie unterstützen

Leitfaden Anti-Spam

Leitfaden VoIP

Leitfaden Webdesign

In modernen Märkten überleben – Kooperationen mittelständischer Softwareunternehmen in Hessen

Surviving in modern markets – SME Cooperation in the software industry in Hessen

2005

Leitfaden zur Patentierung computerimplementierter Erfindungen

Recht im Internet

Gefunden werden im Internet

hessen » Hier ist die Zukunft media

Die komplette Schriftenreihe finden Sie im Anhang oder im Internet unter

www.hessen-media.de

(Bestellmöglichkeit und Download als PDF-Datei)

1 Einleitung

„RFID has been around for more than sixty (60) years when it was first introduced during WW II by the allied forces who needed to identify ‚friend or foe' aircraft by sending Radio Frequency ‚squawks.'
(Quelle: **www.epcglobalinc.org**)

Radio Frequency Identification (RFID) findet bereits seit 20 Jahren alltägliche Anwendung, so etwa bei der Mauterhebung, in Wegfahrsperren, Diebstahlsicherungen in Kaufhäusern oder Zugangskontrollen an Skiliften. Sie erfährt aktuell einen großen Schub durch neue praxisnahe Entwicklungen, die weitere Anwendungsfelder im Bereich der AutoID-Technik (Automatische Identifikationstechnik) erschließen. Vor allem durch den kontinuierlichen informationstechnologischen Fortschritt werden Anwendungen geschaffen, die vor wenigen Jahren noch nicht denkbar waren. Die fortschreitende Standardisierung eröffnet weitere Einsatzmöglichkeiten.

RFID wird – sowohl was ihr Einsatzpotenzial zur Verbesserung von Unternehmensprozessen als auch die Risiken einer verbreiteten Anwendung für die Bürger als Kunden oder Konsumenten angeht – lebhaft diskutiert. Große Handelskonzerne wie WalMart in den USA und Metro in Deutschland treiben den Einsatz der Identifikationstechnik offensiv voran.

Eine im Jahr 2004 abgeschlossene Befragung von Anbietern von RFID und potenziellen Anwendern durch das Fraunhofer Institut für Materialfluss und Logistik zeigt, dass fast alle befragten Unternehmen unterschiedlicher Sektoren von einem starken Anstieg der Verbreitung von RFID ausgehen.

Diese Entwicklung wirkt sich auf KMU aus, denn sie stehen als Partner in der Wertschöpfungskette mit den Großunternehmen in Geschäftsbeziehungen und müssen sich zwangsläufig mit den Möglichkeiten und Folgen der RFID-Systeme befassen. Die neue Technologie bietet KMU Chancen, ihre betrieblichen Abläufe zu verbessern und ihre Marktposition zu stärken. Dies gilt gleichermaßen für den Handel sowie Hersteller, Zulieferer und Logistiker.

Die Diskussion über RFID ist in KMU von Widersprüchen gekennzeichnet. Es wird vor einer zu frühen Festlegung gewarnt, während die Systementwicklung in voller Bewegung ist. Die Zahl der Angebote an den Mittelstand wächst ständig, wobei die Preise für Hard- und Software mit zunehmender Verbreitung sinken. Der zu spät Kommende riskiert, den Anschluss an den technologischen Fortschritt zu verlieren und Nachteile gegenüber den früher beteiligten Firmen, den „Early Adopters", zu erleiden.

Obwohl diese am meisten bei einer erfolgreichen Anwendung der neuen Technologie gewinnen können, trifft man bei KMU auf eine teilweise sehr abwartende Haltung. Die Ergebnisse der Teilnehmerbefragung im Rahmen des 2. Hessischen RFID-Symposiums am 17. Februar 2005 in Baunatal zeigen, dass neben einem gefühlten hohen Kostenrisiko vor allem fehlende Standardisierungen und Mittelstandskonzepte die Bereitschaft von KMU senken, RFID einzuführen.

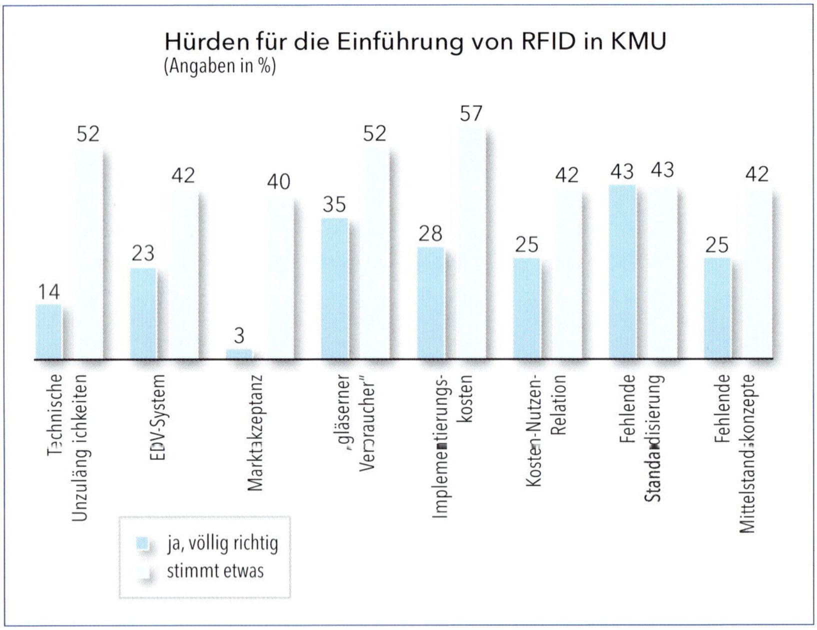

Abbildung 1: Ergebnisse der Teilnehmerbefragung des 2. RFID-Symposiums in Baunatal (eigene Darstellung)

KMU benötigen Orientierungshilfen für unternehmerische Entscheidungen bezüglich RFID, denn sie müssen klären, wie sie an der Entwicklung teilnehmen.

Mit der vorliegenden Broschüre möchte die Aktionslinie hessen-it bei der Entscheidung über die Einführung von RFID unterstützen, wobei ein Teil dieser Veröffentlichung auf einer Arbeit an der Fachhochschule Wiesbaden, betreut durch Prof. Dr. Weinberg, basiert.

Nur bei genauer Kenntnis der technischen Eigenschaften von RFID-Systemen kann eine Bewertung des praktischen Einsatzes vorgenommen werden. Deshalb wird, neben der Klärung von Grundlagen und Einsatzmöglichkeiten der Technik, RFID in der Unternehmenspraxis und anhand erfolgreich gelöster betrieblicher Herausforderungen in fünf ausgewählten Beispielen dargestellt. Darüber hinaus werden Fragen der Datensicherheit und des Datenschutzes in RFID-Verfahren erläutert.

Als Werkzeug der Entscheidungsfindung kann vor allem der strukturierte Leitfaden in Kapitel 6 dienen. Er wurde aus den Erkenntnissen der Analyse und Bewertung der vorgestellten Praxisfälle gewonnenen und enthält Handlungsempfehlungen von der ersten Grobplanung bis hin zur Klärung der Frage, welche Lösung sich technisch anbietet und wie der wirtschaftliche Einsatz zu bewerten ist.

RFID hat das Potenzial, Prozessketten und Arbeitsabläufe zu optimieren und so einen Wettbewerbsvorteil für das einzelne Unternehmen zu schaffen. Zu dieser Entwicklung möchten wir mit dieser Broschüre beitragen, indem wir darlegen, wie eine erfolgreiche Implementierung stattfinden kann.

Als erster Orientierungsrahmen zeigt die Übersicht die relevanten Stufen bei der Planung eines RFID-Systems auf.

1. In folgenden Anwendungsfeldern konnte RFID bisher erfolgreich eingesetzt werden:
   - Produktverfolgung einschließlich Überwachung durch Sensorik
   - Überwachung von Investitionsgütern
   - Verfolgung von Transportmitteln
   - Produktverfolgung und Identifikation von logistischen Einheiten
   - Anwendungen im Herstellungsprozess
2. Analyse des zu lösenden Problems und Definition der Zielsetzung der Einführung von RFID
3. Unternehmensinterne versus unternehmensübergreifende Lösung: Vor allem bei Logistikketten sind unternehmensübergreifende Anwendungen oft effizienter und kostengünstiger zu realisieren.
4. Jede RFID-Anwendung erfordert individuelle technische und prozessuale Lösungen. Die Art des zu identifizierenden Objekts und Prozessabläufe entscheiden über die Art der Transponder.
5. Orientierung an Standards und Erfordernissen von Geschäftspartnern.
6. Durch die Implementierung von RFID steigt die Datenmenge im Datenverarbeitungssystem an. Eventuell ist eine Anpassung erforderlich.
7. Abschließend sollte eine Wirtschaftlichkeitsanalyse erfolgen, um sicherzustellen, dass die Investition lohnt. Die Ausgabenseite wird maßgeblich durch die im Leitfaden genannten Anforderungen an Hard- und Software beeinflusst. Auf der Einnahmenseite entstehen Vorteile durch Einsparungen bei Personal- und Prozesskosten.

Bereits an dieser Stelle kann gesagt werden, dass sich KMU mit RFID auseinander setzen sollten, um den technologischen Anschluss nicht zu verlieren. Weiterhin kann die öfter gehörte Empfehlung, generell noch auf eine Konsolidierung des Marktes zu warten, vor allem auch in Bezug auf die Standardisierung, nicht aufrechterhalten werden.

2 Grundlagen der RFID-Technologie

Der Begriff **R**adio **F**requency **ID**entification steht für Verfahren zur eindeutigen und automatischen Identifikation von Objekten durch kontaktlose Datenübertragung über einen Funkfrequenzkanal. RFID-Verfahren gehören damit zur Technologie der Funkanlagen und werden dann eingesetzt, wenn Vorgänge wie Kennzeichnung, Registrierung, Lagerung, Transport, aber auch Kontrolle und Überwachung, automatisiert durchgeführt werden sollen.

2.1 Funktionsweise

Die Technik von RFID-Systemen besteht im Wesentlichen aus zwei Hardwarekomponenten: Dem Transponder zur Datenspeicherung und einem Lesegerät zum Auslesen der gespeicherten Daten.

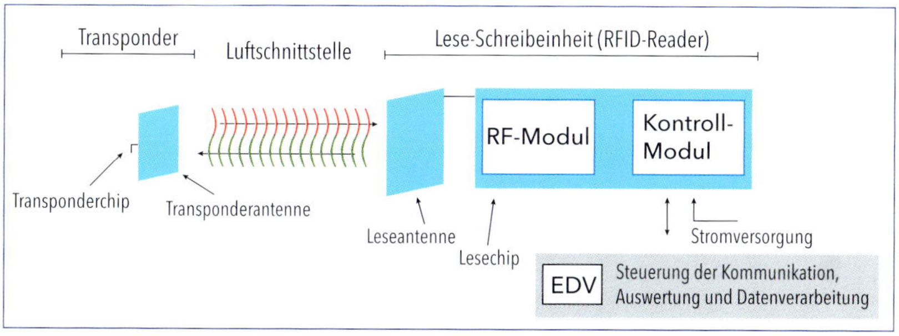

Abbildung 2: Grundsätzlicher Aufbau eines RFID-Systems (eigene Darstellung)

Ein RFID-Transponder, auch „Tag" genannt, besteht aus Mikrochip und Antenne. Auf dem Chip werden die zur Kennzeichnung der Objekte erforderlichen Daten gespeichert. Der Transponder wird unmittelbar auf den Objekten (z. B. Paletten, Containern oder Gütern) angebracht.

Es gibt **aktive und passive Transponder**. Die aktiven Transponder besitzen mit Batterien eine eigene Energiequelle, mit der sie elektromagnetische Wellen auslösen. Sie bleiben solange im Ruhezustand, bis sie von einem Lesegerät durch ein Signal angesprochen werden. Passive Transponder besitzen keine eigene Energiequelle. Wenn sie in das Feld eines Lesegerätes gelangen, werden sie zum Auslesen der Daten vom Lesegerät über Funkwellen mit Energie versorgt (induktive Kopplung).

Mit aktiven Transpondern lassen sich Daten über größere Distanzen mit dem Lesegerät austauschen. Diesem Vorteil stehen allerdings Nachteile in der Anwendungspraxis gegenüber. Aktive Transponder haben durch den eigenen Energieträger nur eine begrenzte Lebensdauer, ein größeres Gewicht und einen höheren Preis. Da der Einsatz passiver Transponder nicht von der Lebensdauer der Batterien begrenzt wird, können sie dauerhaft eingesetzt werden. Darüber hinaus sie sind kostengünstiger, kleiner und leichter, haben jedoch eine geringere Reichweite. Immer dann, wenn die spezifischen Eigenschaften der passiven Transponder für den Anwendungszweck ausreichen, sind sie den aktiven vorzuziehen.

Abb. 3: ID CPR.M02-Lesermodul mit externer Antenne und Security Access Module (Quelle: FEIG)

Ein weiteres Unterscheidungsmerkmal sind die **Speichereigenschaften**. Auf Read-only-Transpondern werden bereits bei der Produktion die zur Objektidentifizierung erforderlichen Daten gespeichert. Die Daten können nicht mehr verändert oder gelöscht, sondern nur ausgelesen werden. Auf Read-write-Transponder gespeicherte Daten können bei Bedarf geändert, durch neue Informationen ersetzt oder gelöscht werden. Die aufwendigere Speichertechnologie bedingt zwar höhere Produktionskosten, dafür können sie flexibler eingesetzt werden.

Pulkerfassung ist immer dann relevant, wenn eine große Zahl von Transpondern gleichzeitig das Lesefeld durchläuft. Mit bestimmten Algorithmen werden die ID-Nummern der einzelnen Transponder ausgelesen, bis die Transponder einzeln angesprochen und eindeutig erfasst werden können. Sind Systeme nicht pulkfähig, überlagern sich die Transpondersignale und das Lesegerät ist nicht in der Lage, sie zu identifizieren.

RFID-Systeme werden mit unterschiedlichen **Arbeitsfrequenzen** angeboten. Diese Frequenzen bringen unterschiedliche technische Eigenschaften und somit unterschiedliche Fähigkeiten mit sich. Vor allem in Hinblick auf Reichweiten und die Störanfälligkeit gegenüber Flüssigkeiten und Metallen in der Arbeitsumgebung lassen sich Unterschiede ausmachen, so dass eine individuelle Materialprüfung bezogen auf die jeweilige Anwendung unerlässlich ist.

Eine übliche Lösung für die schwierige Applikation von Transpondern auf Metall besteht darin, zwischen Tag und Oberfläche einen „Spacer", einen Abstandshalter, zu platzieren. Es gilt zu beachten, dass mit zunehmender Höhe des Transponders (bedingt durch den Abstandshalter) seine Anfälligkeit gegenüber Beschädigungen zunimmt.

Die Tabelle liefert einen Überblick über verschiedene RFID-Systeme:

RFID-Systeme

	Niederfrequenz	Hochfrequenz	Ultrahochfrequenz	Mikrowelle
Frequenz	125 kHz - 135 kHz	13,56 MHz	860 MHz - 960 MHz	2,45 GHz
Energieversorgung	passiv	passiv	aktiv oder passiv	aktiv oder passiv
Speicherkapazität	bis 2 kBit	bis 2 kBit	bis 256 kBit (aktiv)	bis 256 kBit (aktiv)
Reichweite	bis 1 m	bis 1,7 m	bis 6 m (passiv), bis 100 m (aktiv)	bis 6 m (passiv), bis 100 m (aktiv)
Pulkerfassung	ja, selten realisiert	ja	ja	ja
Störung durch Flüssigkeiten	nein	gering	stark	stark
Störung durch Metall	bedingt	Bei direkter Aufbringung keine Lesefähigkeit, mit Abstand bedingt	Bei direkter Aufbringung keine Lesefähigkeit, mit Abstand bedingt	Bei direkter Aufbringung keine Lesefähigkeit, mit Abstand bedingt

Tabelle 1: Verschiedene RFID-Systeme

Ein **RFID-Lesegerät** besteht aus einer Antenne und einer Leseeinheit, wobei der Einsatz von Read-write-Transpondern zusätzlich eine Schreibeinheit erfordert. Zentraler Bestandteil ist das RF-Modul, das den Datenaustausch zwischen RFID-Transponder und Lesegerät übernimmt. Als Datenschnittstelle dient ein Kontroll-Modul. Das Lesegerät aktiviert durch ein elektromagnetisches Feld den Transponder, der die gespeicherten Objektdaten an die Leseeinheit sendet. Die abqerufenen Objektdaten werden durch die Leseeinheit an ein EDV-System übermittelt und können dort mit Daten des unternehmensinternen Informationssystems zusammengeführt werden. Bei Read-write-Transpondern kann die Schreibeinheit dem Transponder darüber hinaus Daten zur Speicherung zuweisen.

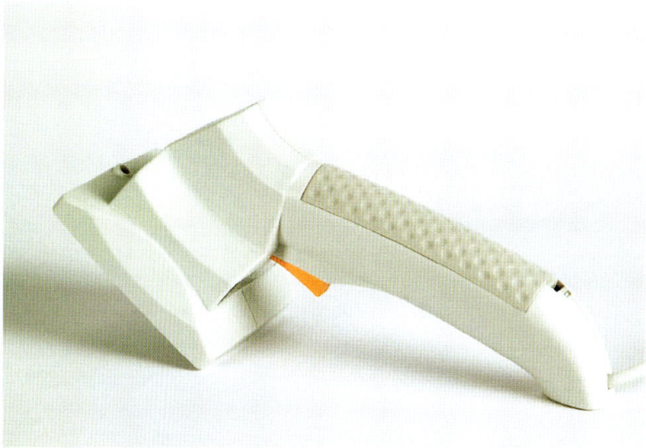

Abbildung 4: ID ISC.PRH101 – OBID i-*scan*® *HF* Handheld-Leser (Quelle: FEIG)

2.2. Standardisierung

Eine wesentliche Voraussetzung für eine weite Verbreitung von RFID ist die Entwicklung und Anwendung einheitlicher und unternehmensübergreifender Standards. Man unterscheidet zwischen Technologie-, Daten- und Anwendungsstandards.

Technologiestandards definieren grundlegende technische Eigenschaften wie Frequenzen, Übertragungsgeschwindigkeiten, Codierungen und Protokolle. Datenstandards sind unabhängig von der Technologie und dienen der Datenorganisation. In Tabelle 2 sind relevante Standards aufgelistet, und als Beispiel für die Bedeutung eines Datenstandards kann der im September 2004 beschlossene Standard ISO/IEC 15963 genannt werden. Mit ihm wird das Schema festgelegt, wie eindeutige ID-Nummern für Transponder realisiert werden können. Die Eindeutigkeit der Nummern ist nur erreichbar, wenn sie von allen teilnehmenden Unternehmen nach dem gleichen Schema vergeben werden. Anwendungsstandards schließlich dienen dazu, für einzelne Anwendungsfelder die am besten geeignete technische Lösung zu empfehlen.

ISO/IEC 19762	Information Technology - Harmonized Vocabulary
ISO/IEC 7816-6	Registration of Electronic Manufacturers for RFID tags
ISO/IEC 15418	Automatic Identification - International Specification - EAN.UCC Applications Identifiers and ASC Data Identifiers
ISO/IEC 15434	Automatic Identification and Data Capture Techniques - International Specification - Syntax for high capacity data carriers
ISO/IEC 15459	Automatic Identification and Data Capture Techniques - International Specification - unique identifier for item management
ISO/IEC 15961	Automatic identification - Radio Frequency Identification for item management - Data protocol: application interface
ISO/IEC 15962	Automatic identification - Radio Frequency Identification for item management - Data protocol: data encoding rules and logical memory functions
ISO/IEC 15963	Automatic identification - Radio Frequency Identification for item management - Unique identification for RF tags
ISO/IEC 18000-2	Automatic identification - Radio Frequency Identification for item management - Air Interface protocol 130 kHz
ISO/IEC 18000-3	Automatic identification - Radio Frequency Identification for item management - Air Interface protocol 13,56 MHz
ISO/IEC 18000-4	Automatic identification - Radio Frequency Identification for item management - Air Interface protocol 2,4 GHz
ISO/IEC 18000-6	Automatic identification - Radio Frequency Identification for item management - Air Interface protocol 870-930 MHz (UHF)

Tabelle 2: Auswahl relevanter Standards der RFID (Quelle: Eurodata Council)

Die technischen Normen sind bereits festgelegt, während die Anwendungsempfehlungen im Laufe des Jahres 2006 als ISO 17364 bis 17367 erwartet werden. Dann werden auch die spezifischen Empfehlungen zum Einsatz von RFID auf den Ebenen Produkt, Verpackung, Transporteinheit, wiederverwendbarer Container und Frachtcontainer festgeschrieben. Die Barcode-Standards für Produktverpackungen und Transportkennzeichnung fließen aus Gründen der Kompatibilität in die Entwicklung ein, so dass Interoperabilität zwischen Barcode und RFID besteht.

Je nach Anwendungserfordernissen und Einsatzszenarien können weitere Standards relevant sein. Die Einbindung in lange Prozess- und Logistikketten macht eine Abstimmung über die verwendeten Standards mit den Beteiligten unerlässlich und ist vor allem dann unumgänglich, wenn in weltweiten Handelsprozessen agiert wird. Auch bei einer ausschließlich unternehmensinternen Anwendung sollten durch systemoffene Lösungen zukünftige Entwicklungen integrierbar bleiben. Unter diesem Aspekt erscheinen die ISO-Standards als weltweit gültige Einigung über eine kostenfreie Systematik als Mittel der Wahl. Generell ermöglichen sie einen anwendungsunabhängigen weltweit einheitlich lesbaren und eindeutigen Code.

ISO/IEC 15434

Abbildung 5: Standards erlauben Interoperabilität, wie hier etwa zwischen RFID-Tag und Datamatrix (Quelle: Elmicron)

Als weiteren übergreifenden Standard entwickelte das AutoID Center am Massachusetts Institute of Technology das Referenzsystem „EPC-Netzwerk". Wichtigste Komponente des Systems ist der Electronic Product Code (EPC – Elektronischer Produktcode). Mit ihm können Produkte eindeutig identifiziert sowie die Kommunikationsschnittstelle zwischen Transponder und Leseeinheit standardisiert werden. Er basiert auf einer Erweiterung des für Barcodes genutzten EAN-Standards. Die bisher als Barcode auf die zu kennzeichnenden Objekte aufgedruckte SSCC (Serial Shipping Container Code oder NVE, Nummer der Versandeinheit), wird beim RFID-Einsatz um den EPC-Datenstandard ergänzt. Im Unterschied zum

EAN-Code, bei dem nur den Artikelarten eine eigene Nummer zugewiesen ist, ermöglicht der im Rahmen von RFID verwendete numerische EPC als RFID-Schlüssel zu einer zentralen Datenbank die Identifizierung jedes einzelnen Artikels. EPC ist inzwischen ebenfalls in die ISO-Normung eingeflossen. Da GS1 (vormals EAN International, eine globale Standardisierungsorganisation im Bereich von Lieferketten) als Träger UHF nutzen will, ist nur die gemeinsame Nutzung von ISO/IEC 1800-6c vorgesehen.

Abhängig vom individuellen Einsatz muss entschieden werden, welche Standards Anwendung finden. Während sich der EPC dem Handel durch seine Verwandtschaft mit dem EAN-Standard und als zukünftige Mehrwertleistung eine externe Datenbankreferenzierung anbietet, ist für Einsätze in anderen Sektoren und Branchen tendenziell die lizenzfreie ISO-Normung erwägenswert. Denn diese erlaubt es, eigene Nummernsysteme mit mehr Stellen abzubilden. Darüber hinaus ist ein Referenzsystem mit dahinter liegender Datenbank in manchen Fällen nicht erforderlich und würde zu einer unnötigen Komplexitätssteigerung führen.

Von den hier angesprochenen Fragen der systemübergreifenden Standardisierung unberührt muss natürlich sichergestellt werden, dass Transponder, Leser und EDV-System miteinander kommunizieren können - diese drei Systeme müssen also immer vollständig kompatibel sein.

2.3 Abgrenzung von RFID-Verfahren

Neben RFID gehören unter anderem Mobilfunk, W-LAN oder Bluetooth zu den digitalen Funkanlagen. RFID unterscheidet sich von diesen Verfahren durch die elektronische Identifizierung von Objekten und die Tatsache, dass die Transponder erst bei Aktivierung durch ein Lesegerät die gespeicherten Daten aussenden.

Abbildung 6: Label, das Daten als Barcode und RFID-Tag enthält (Quelle: DETEC)

Die führende AutoID-Technik ist zurzeit noch der Barcode. Im Gegensatz zur Radiofrequenztechnologie, bei der Daten über einen Funkfrequenzkanal übertragen werden, basiert der Barcode auf einer optischen Verschlüsselung. Die Daten werden als Strichcode dargestellt und mit einem optischen Lesegerät erfasst.

Diese Technik dominiert momentan noch deutlich sowohl in der Konsumgüterbranche als auch in der Investitionsgüterindustrie gegenüber RFID.

RFID weist jedoch gegenüber anderen AutoID-Techniken eine Reihe von Vorteilen auf:

Leistung	vor allem große Kapazität bei der Datenspeicherung
Effizienz	Pulklesung, hohe Geschwindigkeit, sichtkontaktloses Lesen
Sicherheit	Robustheit gegenüber Umwelteinflüssen, geringe Manipulationsmöglichkeiten
Zusatzfunktionen	Sensorik, Verschlüsselung, Artikelsicherung

Tabelle 3: Vorteile von RFID gegenüber anderen Auto-ID-Techniken

Die Grafik zeigt die Einschätzung der Stärken und Schwächen verschiedener AutoID-Techniken im Vergleich. Nachteil von RFID sind höhere Investitions- und Betriebskosten. Die Verbreitungsperspektive der Technologie wird daher durch nachhaltige Kostensenkungen maßgeblich positiv beeinflusst. Darüber hinaus ist die Kostenfrage für mittelständische Unternehmen von erheblicher Bedeutung.

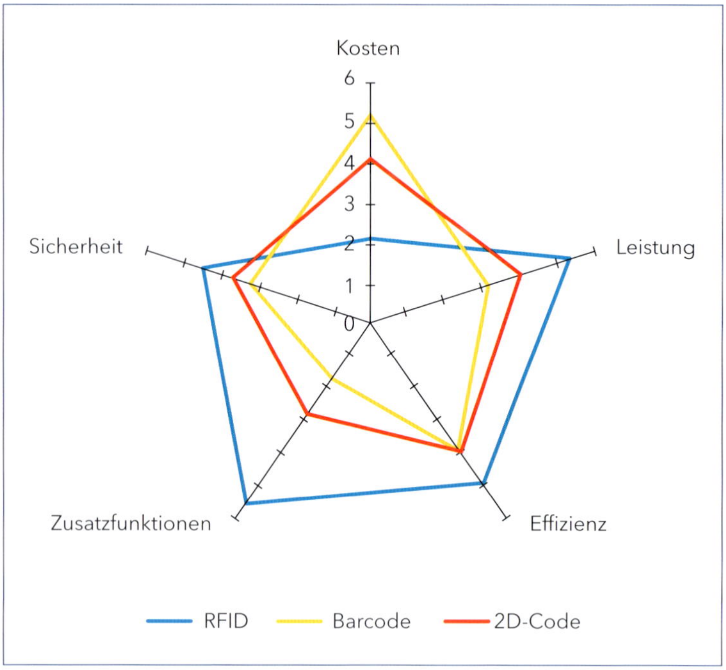

Abbildung 7: Stärken und Schwächen der verschiedenen AutoID-Techniken (Quelle: www.iml.fraunhofer.de)

2.4 Universitäre Forschung und Ausbildung zur RFID in Hessen

Während RFID zunehmend Einzug in betriebliche und logistische Prozesse hält, beschäftigt sich auch die universitäre Forschung aus unterschiedlichen Perspektiven mit der RFID-Technologie.

So wird an der Universität Kassel im Fachbereich Wirtschaftswissenschaften, Fachgebiet Öffentliches Recht, zum Thema Auswirkungen des „Ubiquitous Computing" (allgegenwärtige Informationstechnik) auf Fragen des Datenschutzes und der **informationellen Selbstbestimmung** gearbeitet. Dabei werden die rechtlichen Aspekte einer allgegenwärtigen Datenverarbeitung untersucht, bewertet, und Vorschläge erstellt, wie datenschutzrelevante Fragen bereits bei der Entwicklung der Technik berücksichtigt werden können.

Abbildung 8: Kreditkarte VISA Wire Heads (Quelle: www.klassehesse.com)

An der Hochschule für Gestaltung Offenbach wurden zukünftige Einsatzformate von RFID anhand von Kreditkarten für den bargeld- und sichtkontaktlosen Zahlungsverkehr entworfen. Die Arbeiten „Visa Wire Heads" von Catrin Altenbrandt und Adrian Nießler belegten in der internationalen Visa Card Design Competition in Deutschland den ersten und europaweit den zweiten Platz. Betreut wurden die Einreichungen von Prof. Klaus Hesse (Fachbereich Visuelle Kommunikation, Dekan Prof. Bernd Kracke). Die Entwürfe der Karten beinhalten einen Chip, dessen **Antenne Teil des Designs** ist, so dass für die Nutzer erkenntlich ist, dass ihre Daten jederzeit ausgelesen werden können. Die Entwürfe sensibilisieren einerseits, andererseits sollen sie durch die direkte Kommunikation die Angst der Konsumenten vor verdeckten Datensammlungen nehmen.

In einem gemeinsamen interdisziplinären Forschungslabor der Technischen Universität Darmstadt und des Spezialchemie- und Pharmazieunternehmens Merck KGaA sollen **druckbare RFID-Chips** auf der Basis anorganischer Stoffe bis zur Serienfertigungsreife entwickelt werden. Ziel dabei ist es, die Herstellungskosten zu senken, indem die Funk-Chips mit Hilfe von Massenproduktionsverfahren wie der konventionellen Drucktechnik direkt auf die Verpackung aufgedruckt werden.

Auch in der Lehre ist RFID bereits angekommen. So ist die RFID-Technologie an der Berufsakademie Nordhessen fest im Curriculum des Studiengangs Systems Engineering unter Fachbereichsleiter Dr.-Ing. Diethelm Bienhaus verankert. **Systems Engineering** vermittelt Qualifikationen, um die steigende Komplexität technischer Produkte und Prozesse zu beherrschen und effizient Lösungen zu realisieren. Der interdisziplinäre Ansatz aus Automatisierungs- und Fertigungs- sowie Informationstechnik ist die Basis für ein umfassendes Verständnis für Strukturen, Zusammenhänge und Funktionen technischer Systeme. RFID ist Wegbereiter für den Paradigmenwandel in der Automatisierungstechnik und Logistik hin zu selbststeuernden Prozessen und „Real World Awareness". Das duale Studium an der Berufsakademie ermöglicht es den Studierenden, in den Partnerbetrieben Praxiserfahrungen zu sammeln und etwa Machbarkeitsstudien und Diplomarbeiten zum Einsatz von RFID in der Logistik durchzuführen.

Am Klinikum der Goethe-Universität Frankfurt am Main, Klinik für Thorax-, Herz- und Thorakale Gefäßchirurgie, arbeitet Herr Prof. Dr. Tayfun Aybek an einer „kabellosen Datenübertragung des Blutflusses aus dem Körper mit Radiofrequenztechnologie". Das i**mplantierte Mikrogerät** (Wireless Flow Device, WFD) misst den Blutfluss in einem körperinneren Gefäß und sendet die Daten kabellos nach außen. Die WFD besteht aus drei Komponenten:

1. Ultraschall-Mikro-Flusssensor zur Messung des Blutflusses
2. RFID-Chip zur kabellosen Übertragung der Daten
3. Elektronik zur Auswertung und Interpretation der Daten

Ein Empfänger speichert die Flussdaten und stellt sie so dem medizinischen Personal jederzeit und ohne Zeitverzögerung zur Verfügung.

Dieser Ausschnitt aus vielfältigen Forschungs- und Entwicklungsaktivitäten lässt erkennen, dass RFID neben betrieblichen Prozessen auch aus medizinischer, künstlerischer und juristischer Perspektive betrachtet wird. Über eine breite gesellschaftliche Beteiligung auch an solchen wie den beschriebenen Vorhaben lässt sich eine hohe gesellschaftliche Akzeptanz der Technologie erreichen. Gleichzeitig müssen beispielsweise aus dem juristischen Bereich Vorgaben entwickelt werden, wie datenschutz- und datensicherheitsrelevante Vorgänge bei RFID zu beurteilen sind.

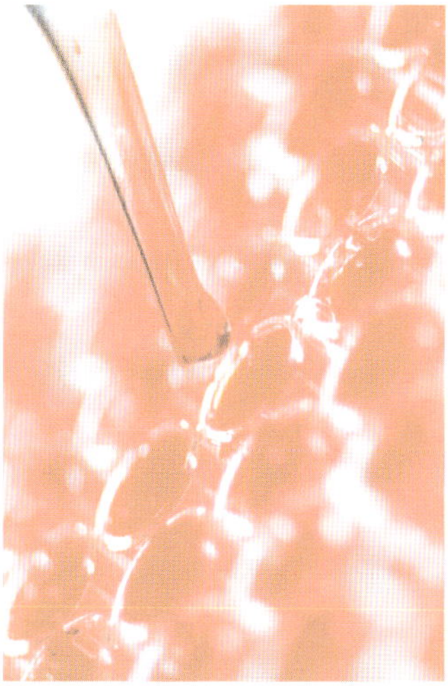

3 Anforderungen an Datensicherheit und Datenschutz

Die mit der Einführung von RFID erreichte Datenqualität und -quantität muss gesichert und gleichzeitig, vor allem in Bezug auf Daten von Verbrauchern, Kunden und Arbeitnehmern, vor Missbrauch geschützt werden. Öffentlich diskutiert werden zurzeit überwiegend potenzielle Gefahren für die Privatsphäre des Bürgers. Weniger betrachtet werden dagegen Fragen der Daten- und Informationssicherheit in den Unternehmen. Gerade mittelständische Unternehmen dürfen Sicherheitsbelange auf keinen Fall vernachlässigen, da sie ihre unternehmerische Tätigkeit, Fertigungs- und Produktionsprozesse sowie betriebliche Interna schützen müssen. Auch der Verbraucherschutzaspekt hat betriebswirtschaftliche Auswirkungen, denn datenschutzrechtliche Vorschriften sind Rahmenbedingungen für die Unternehmen, deren Nichtbeachtung negative Konsequenzen haben kann. Ein Unternehmen muss Vorbehalte seiner Kunden gegenüber neuen Technologien ernst nehmen und offen über die mit dem Einsatz von RFID verfolgten Ziele sowie über die verwendeten technologischen Verfahren informieren. Für den mittelständischen Unternehmer bedeutet dies, dass er sich über Risiken informieren und die Einstellung seiner Kunden in Erfahrung bringen muss.

3.1 RFID und betriebliche Datensicherheit

Beim Einsatz von RFID-Systemen kann die Datensicherheit im Unternehmen, wie bei allen anderen IT-Anwendungen auch, durch den Zugriff Unbefugter gefährdet werden:

- Auf dem Transponder gespeicherte Daten können **ausgelesen** werden, um über die Identifikationsnummer mehrere Transponder mit gleicher Identität zu erzeugen.
- Der Transponder wird vom originären Identifikationsobjekt **entfernt** und auf einem anderen Objekt aufgebracht.
- Die Kommunikation zwischen Transponder und Lesegerät (Luftschnittstelle) wird abgehört, blockiert oder anderweitig **gestört**.

Angriffe können die Funktionsfähigkeit eines RFID-Systems erheblich stören, Arbeits- und Produktionsprozesse unterbrechen und so zu vermeidbaren Kosten führen. Bei der Planung von RFID-Systemen müssen deshalb Gefährdungspotenziale durch Angriffe von außen eingeschätzt und Abwehrmaßnahmen konzipiert werden.

Eine Maßnahme gegen das Herstellen von Transpondern mit gleicher Identität (Cloning) ist die Verwendung standardisierter und einzigartiger ID-Nummern. Über einen eindeutigen Code kann das RFID-System feststellen, ob es sich um einen Originaltransponder oder um ein durch Fälschung erzeugtes Duplikat bzw. einen Transponder mit nicht vergebener Nummer handelt.

Das nicht autorisierte Entfernen des Transponders vom Objekt kann durch entsprechendes Anbringen erschwert oder verhindert werden (beispielsweise versteckt, soweit es rechtliche Vorgaben erlauben, fest mit dem Objekt verbunden oder wenn das Trägerobjekt durch das Ablösen beschädigt wird).

Angriffe auf den Datenaustausch zwischen Lesegerät und Transponder können durch Verschlüsselung der Datenübertragung, Abschirmung der Geräte und Verlagerung aller Daten bis auf die ID-Nummer des Transponders in das bestehende EDV-System (Backend) abgewehrt werden. Die Datenauslagerung bietet den besten Schutz und senkt gleichzeitig durch den geringeren Speicherbedarf der Transponder die Investitionskosten. Dabei werden auf dem Transponder bis auf seine ID-Nummer keine Daten vorgehalten, so dass RFID-spezifische kostenaufwendige Sicherungsmaßnahmen entfallen und nur das Backend vor Spionage geschützt werden muss. Diese Lösung bietet sich deshalb gerade für mittelständische Unternehmen an.

3.2 RFID und Datenschutz

Daten- und Verbraucherschützer sehen in der Verwendung der RFID-Technik Gefahren für die Privatsphäre des Verbrauchers. Die eigentliche Stärke von RFID, die kontaktlose Identifizierung von Objekten auch über größere Entfernungen, wird als Ansatzpunkt für möglichen Missbrauch der erfassten Daten genannt.

Datenschutzrechtliche Probleme resultieren vor allem daraus, dass es zwischen Leseeinheit und Transponder keines optischen Kontaktes bedarf und es möglich ist, unbemerkt mit dem Transponder Verbindung aufzunehmen, so dass die Kommunikation aus der Entfernung durch Unbefugte abgehört werden kann. Ein weiteres mögliches Szenario für eine zweckentfremdete Nutzung der mit RFID erfassten Daten ist der Warenkauf, wenn die Produktdaten ohne Wissen des Käufers gelesen und ausgewertet werden. Über die massenweise Speicherung und Auswertung dieser Daten kann ein genaues Bild des Kaufverhaltens einzelner Kunden gezeichnet werden.

Die Datenschutzbeauftragten des Bundes und der Länder haben in einer Entschließung zu den wesentlichen datenschutzrechtlichen Problemen beim Einsatz von RFID Stellung genommen. Sie halten es aus Gründen des Datenschutzes für nicht zulässig, dass Transponder versteckt an den Waren angebracht und heimlich ausgelesen werden. Die mit RFID gewonnenen Informationen dürfen nicht, wenn es dafür keine Rechtsgrundlage gibt, bestimmten Personen zugeordnet werden. Diese Empfehlungen haben zum Ziel, keine Erstellung von Verhaltens-, Nutzungs- und Bewegungsprofilen zuzulassen, für die es keine rechtliche Grundlage gibt. Dies hat aus Sicht der Datenschützer Konsequenzen für RFID-Anbieter und -Anwender. Der Verbraucher ist zu informieren, ob und wofür Transponder eingesetzt und welche Informationen auf ihnen gespeichert werden. Es müssen Möglichkeiten zur Deaktivierung von Speicherchips vorgesehen werden, durch Blocker-Tags (dem Lesegerät wird eine große Anzahl von Transpondern simuliert, so dass dieses blockiert wird) muss das Auslesen bei Bedarf unterbunden werden können, und die Vertraulichkeit der Daten ist zu sichern.

Die Erfüllung dieser datenschutzrechtlichen Anforderungen muss bei der Auswahl der Systemkomponenten von RFID beachtet werden und kann zu höheren Kosten führen. Bei RFID-Anwendungen, die ausschließlich Prozessabläufe innerhalb eines Unternehmens betreffen, wie z. B. bei der Optimierung der eigenen Lagerhaltung, spielen diese datenschutzrechtlichen Probleme meist keine Rolle. Dagegen ist der Datenschutz für mittelständische Handelsunternehmen bzw. Hersteller etwa in der Konsumgüterindustrie zu beachten, denn ihre Waren erreichen den Konsumenten und können somit zu den genannten datenschutzrechtlichen Problemen führen.

4 Anwendungsbereiche von RFID-Systemen

Der Einsatz von RFID-Technologie ist in den unterschiedlichsten Lebens- und Wirtschaftsgebieten denkbar, wobei das Anwendungspotenzial längst nicht vollständig erschlossen ist. Die automatische Identifikation von Objekten hilft, vor allem in Verbindung mit Steuer- und Kontrollmechanismen, Prozess- und Arbeitsabläufe zu optimieren und dadurch Kosten zu senken.

4.1 Die wichtigsten Anwendungsbereiche im Überblick

Die im Folgenden genannten praxisrelevanten Anwendungsfelder zeigen die große Bandbreite des RFID-Einsatzes:

- Identifizierung von Tieren, Transportbehältern, Waren und Personen
- Echtheitsprüfung von Dokumenten
- Steuerung von Rückrufaktionen
- Wartungsmanagement, u. a. durch Kennzeichnung von Werkzeugen
- Diebstahlsicherung, Reduktion von Verlustmengen
- Sensorik, z. B. Temperaturüberwachung von Waren
- Umweltmonitoring, z. B. Messung von Schadstoffen in der Luft
- Zutrittskontrolle, z. B. Magnet- oder Chipkarten als Zutrittsausweis
- Routenkontrolle, z. B. Verfolgung von Paketen, Briefen, Mauterhebung

4.2 Schwerpunkte der RFID-Technik in der Wertschöpfungskette

Ein ideales Anwendungsfeld für den Einsatz von RFID-Systemen stellt die Wertschöpfungskette dar, auf deren einzelnen Stufen mittelständische Unternehmen in Deutschland eine große wirtschaftliche Bedeutung haben. Schwerpunkte des Einsatzes der RFID-Technologie innerhalb der Wertschöpfungskette sind der Herstellungsprozess sowie die Verfolgung von Investitionsgütern, Containern und Produkten.

Einen Überblick gibt die folgende Darstellung:

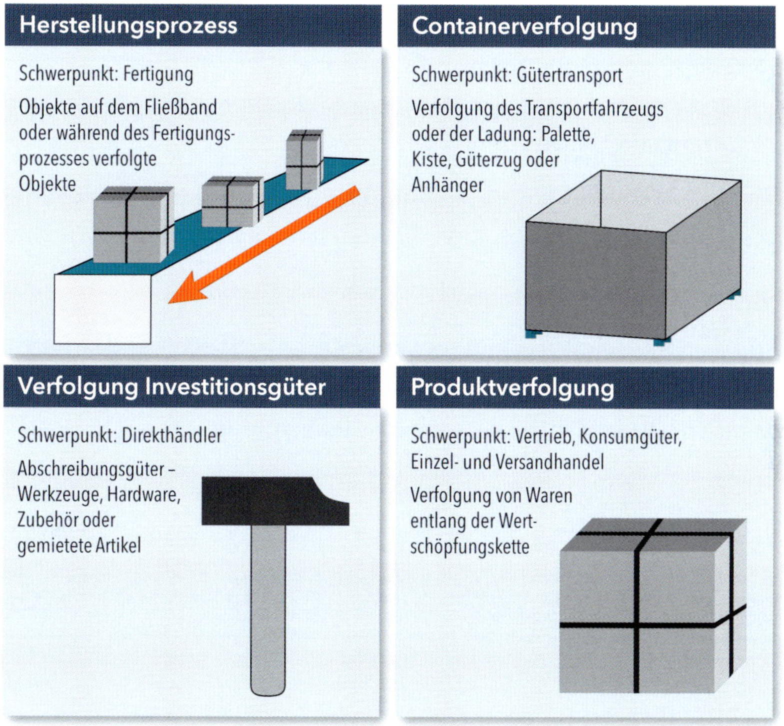

Abbildung 9: RFID-Anwendungen in der Wertschöpfungskette (eigene Darstellung)

RFID im Herstellungsprozess

Im industriellen Fertigungsprozess kann jedes Einzelteil mit der RFID-Technik automatisch identifiziert und erfasst werden. Damit lässt sich die Verknüpfung sämtlicher Einzelteile zu einem komplexen Endprodukt lückenlos und automatisch dokumentieren. Von Bedeutung ist dies zum Beispiel für Produktionsprozesse in der Automobilindustrie, die mit einer enormen Vielfalt von Fahrzeugtypen und -varianten umgehen muss.

Die Zerlegung des Produktionsprozesses in die Fertigung von Baugruppen, die in der Endmontage zum fertigen Automobil zusammengefügt werden sowie die Tatsache, dass immer öfter ganze Baugruppen von in- und ausländischen meist mittelständischen Zulieferbetrieben bereitgestellt werden, erfordert leistungsstarke Koordinierungs- und Abstimmungsinstrumente. RFID leistet in der Steuerung der Herstellungsprozesse einen wichtigen Beitrag, indem die passenden Teile just-in-time bereitgestellt werden. Es handelt sich dabei um einen unternehmensübergreifenden RFID-Einsatz, der große und mittelständische Unternehmen auf einer neuen technologischen Ebene logistisch zusammenführt.

RFID zur Containerverfolgung

Im Bereich des Gütertransports wird RFID in wachsendem Umfang für die Containersteuerung und -verfolgung eingesetzt. Dabei werden die einzelnen Container mit Transpondern ausgestattet, so dass jederzeit der aktuelle Standort eines Containers abgerufen und sein Transportweg ohne Lücken verfolgt werden kann.

Diese Technologie findet bereits weltweit Anwendung in der Logistik der großen Verkehrsumschlagsplätze wie Flug-, See- und Binnenhäfen. Im Containerterminal Altenwerder des Hamburger Hafens etwa werden die Frachtcontainer weitgehend mit Hilfe der Transpondertechnik gesteuert. Das gilt sowohl für den Ladevorgang zum oder vom Schiff, die Zwischenlagerung und den anschließenden Weitertransport. Mit automatisierten Ladekränen werden die Frachtcontainer auf Transportfahrzeuge verbracht, die über im Asphalt eingelassene RFID-Transponder durch ein Computersystem führerlos zu den Lagerplätzen geleitet werden. Die Position der Fahrzeuge kann über die Transponder jederzeit festgestellt werden.

Die RFID-Technologie könnte künftig einen wichtigen Beitrag für die Sicherheit im Güterverkehr leisten, beispielsweise wenn Gütertransporte rund um die Welt in Echtzeit verfolgt werden und bei unbefugten Eingriffen automatisch per Funksignal Alarm ausgelöst wird.

RFID zur Verfolgung von Investitionsgütern

Mit RFID können Unternehmen Einsatz und Zustand ihrer Investitionsgüter permanent und lückenlos erfassen. Beispielsweise können Wartungsarbeiten dokumentiert werden. Durch die so gewonnenen Daten können Mängel erkannt, Verbesserungen durchgeführt und gegebenenfalls sogar Weiterentwicklungen hin zu einem höheren Qualitätsstandard eingeleitet werden. Der Einsatz von RFID lohnt sich bei höherwertigen Investitionsgütern wie Werkzeugen, Hardware, Zubehör oder gemieteten Objekten.

SIXT setzt etwa in seinem Geschäftsbereich mit Erfolg die RFID-Technologie ein. Das speziell konzipierte RFID-System ermöglicht es dem Autovermieter, in Echtzeit auf sämtliche Verfügbarkeitsdaten aller Mietwagen des Unternehmens zuzugreifen. Ein eigens für Sixt entwickelter Transponder wurde in den Anhänger eines jeden Fahrzeugschlüssels integriert. Damit können die Fahrzeugdaten nach Rückgabe des Wagens über Funk ausgelesen werden. Der Mietwagen wird dann sofort für eine erneute Reservierung als verfügbar gemeldet, so dass es gelingt, Leerzeiten zwischen Rückgabe der Fahrzeuge und einer Weitervermietung erheblich zu verkürzen.

Auch Container können wie Mietwagen als Investitionsgut betrachtet und mit RFID-Technik erfasst, gesteuert und ihr Einsatz optimiert werden. So wird etwa der mit einem Transponder versehene Mietcontainer beim Verlassen des Geländes des Verleihers und bei der Rückkehr automatisch erfasst und die Mietdauer dem jeweiligen Kundenkonto zugeordnet.

RFID zur Produktverfolgung

Der Einsatz von RFID bei der Verfolgung von Waren entlang der Wertschöpfungskette wird vor allem vom Handel vorangetrieben. In Deutschland herrscht zwischen den Handelsunternehmen ein intensiver Wettbewerb um Marktanteile, wobei die Kostenreduktion immer mehr an Bedeutung gewinnt. Eine operative Möglichkeit hierzu bietet die Produktverfolgung durch RFID. Sie eröffnet Handelsunternehmen durch Optimierung des Lagermanagements neue Potenziale der Kostensenkung.

Ende 2004 hat die Metro Group mit 20 Lieferanten ein Projekt zur Palettenkennzeichnung initiiert. Die Lieferanten versehen Paletten mit RFID-Transpondern, so dass sie vom Hersteller bis zum Point of Sale lokalisiert werden können. Ziel ist es, Verlustmengen zu reduzieren, Out-of-Stock-Situationen zu vermeiden und das Bestellmanagement effizienter zu gestalten.

Auf Produktebene ist der Einsatz von RFID-Transpondern für den Einzelhandel dagegen solange noch nicht wirtschaftlich realisierbar, wie die Kosten für den einzelnen Transponder in Relation zum Warenwert des einzelnen Produktes zu hoch sind. Nach einer aktuellen Schätzung liegt der Break-Even-Point für einen Transponderpreis von 0,50 Euro bei einem Warenwert von etwa 50 Euro, also bei einem Kostenanteil von einem Prozent.

Die 20 mit der Metro Group in diesem Projekt zusammenarbeitenden Lieferanten sind große Konzerne wie Procter & Gamble und Nestlé, oder zumindest größere Unternehmen wie Schwartauer Werke und SCA Hygiene Products. Unter den Zulieferern der großen Handelsketten befinden sich in bedeutendem Umfang mittelständische Unternehmen. Diese müssen sich möglichst frühzeitig mit der RFID-Technologie befassen, da die großen Handelskonzerne diese Technologie aufgrund ihrer Marktmacht durchsetzen können, wenn dadurch wirtschaftliche Vorteile generiert werden. KMU, die bereits Planungen für eine interne Optimierung der Abläufe vorweisen, können so unter Umständen von einer extern veranlassten Umstellung noch profitieren. Der Mittelständler, der den Anschluss verliert, gefährdet möglicherweise seine derzeitigen Handelsbeziehungen auf Grund von Technologiebrüchen, die bei einer Teilnahme an der Entwicklung nicht hätten entstehen müssen.

Sie brauchen **keine Riesen-Investition**, um erste Erfahrungen mit RFID zu sammeln. Die Technologie ist verfügbar, erste Erprobungsschritte sind einfach und Überlegungen zur Anwendung für Ihr Unternehmen sollten Sie möglichst bald anstellen – wenn Sie als Unternehmen nicht schon heute selbst beteiligt sind: zum Beispiel, um RFID-gekennzeichnete Warensendungen zu verschicken, wie dies bereits eine Reihe von Partnern der Metro AG in der dort laufenden Erprobungsphase tun. Oder wie der Tokioter Flughafen Narita, der Gepäckstücke nach Frankfurt am Main mit RFID-Tags kennzeichnet, oder wie Airbus, Delta, Tesco und WalMart, die aktuell RFID-Projekte in ganz verschiedenen Bereichen durchführen – und dabei wichtige Lieferanten einbeziehen.

Ausgangspunkt für RFID-Anwendungen ist überwiegend das mit Initialwerten beschriebene Funketikett (**Smart Label**). Um dieses zu produzieren, wird ein Softwaresystem gebraucht, das vorhandene Daten in Richtung RFID weiterverarbeiten kann: Es bedruckt Etiketten, wahlweise auch mit Barcodes, und beschreibt im selben Arbeitsgang das im Etikett enthaltene RFID-Tag. Bei RFID-Anwendung in der Lieferkette (Supply Chain) sollen die geschriebenen Daten die logistische Einheit der Warensendung (z. B. die Palette) bzw. die Handelseinheit (den Karton) identifizieren.

DETEC liefert als unabhängiger Software-Hersteller mit „LaserSoft" und „DoXite" **Softwarepakete** für Layout und Produktion von Smart Labels (RFID-Etiketten) mit

- **Design** der Etiketten
- **Produktion** (Labeldruck, Beschreiben Chip) für
  - EPC Tags
  - Smart Tags
  - wahlweise mit Barcodes, 2D-Codes.

Unsere Softwarepakete werden auch für die Produktion weiterer Dokumente genutzt, die im Zusammenhang mit der RFID-Anwendung stehen, z. B. für die Produktion von Lieferavis.

www.teamwerbung.de

RFID Smart Labels

- leicht gemacht.

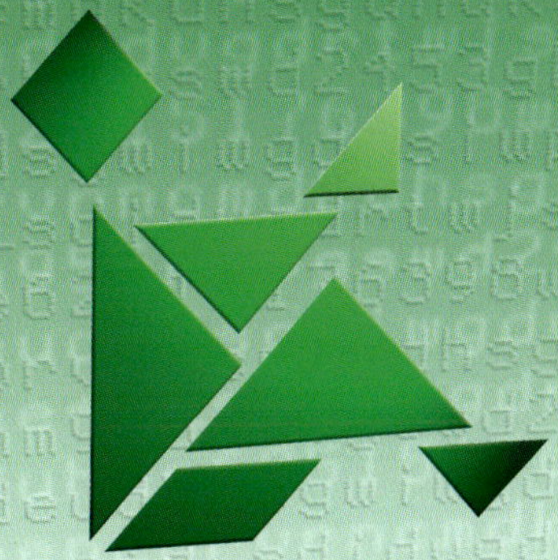

BETTER DOCUMENTS & COMMUNICATION **DoXite** by DETEC

DoXite transformiert die Ausgabedaten Ihrer Applikationen, auch aus SAP0® R/3® in gestaltete, kundenorientierte Dokumente – auch RFID-Smart-Labels.

Mit Label Design (WYSIWYG) und dann beim Produzieren der Labels: Platzieren der variablen Daten, Druck des Etiketts, inklusive Barcodes, und Beschreiben des Chips. In einem Arbeitsgang.

Geeignet für EPC Tags und Smart Tags. Mit Labels und Druckern von Avery Dennison oder Zebra.

Mehr Infos?
+49 (0) 61 42-35 75-0
E-Mail: info@detec.de
Website: www.detec.de

DETEC

5 Best-practice-Beispiele in Unternehmen

Die RFID-Technik befindet sich direkt vor dem Sprung zur Massenanwendung und es gibt bereits gut dokumentierte und erfolgreiche Pilotprojekte. Einige werden an dieser Stelle vorgestellt mit dem Ziel, gewinnbringende Einsatzmöglichkeiten in Form von best-practice-Beispielen aufzuzeigen. Dabei werden Szenarien beschrieben, die für mittelständische Unternehmen von wirtschaftlicher Bedeutung sind und somit dazu anregen können, selbst den Einsatz von RFID voranzutreiben. Die hier beschriebenen best-practice-Beispiele wurden aus Gründen der Geheimhaltung firmenspezifischer Prozesse und betrieblicher Verfahren anonymisiert.

5.1 RFID in der Tiefkühllogistik

FALL 1

Beschreibung des Unternehmens

Das Projekt findet bei einem Tiefkühlbroker mit 50 Mitarbeitern als Service- und Logistikspezialisten eines Zusammenschlusses selbstständiger Einzel- und Großhändler statt. Der Verbund hat sich zum Ziel gesetzt, die Wirtschaftskraft seiner Mitglieder zu bündeln und zu stärken. Wichtigste Aufgaben sind Einkauf, Zentralregulierung, Logistik, Marketing und Finanzierung. Diese Strategie der Handelskooperation zielt auf die Sicherung der Unabhängigkeit der mittelständischen Handelsunternehmen.

Der Logistikspezialist kann mit dem Bau eines eigenen Tiefkühllagers alle Brokoraufgaben und das gesamte operative Geschäft eigenverantwortlich abwickeln: Wareneinkauf bei den Herstellern, eigene Lagerhaltung und Auslieferung an die Handelsfilialen.

Insgesamt wird auf einer Lagerfläche von 6.000 m^2 ein Sortiment mit ca. 1.500 verschiedenen Tiefkühlartikeln abgewickelt. Es werden jährlich 25.000 Tonnen umgeschlagen, für die ca. 5.000 Palettenplätze bereitgehalten werden. Dadurch können die 600 Kunden im gesamten Bundesgebiet innerhalb von 48 Stunden beliefert werden.

Anwendungsfeld der RFID-Technologie

Die Firma führt ein RFID-Projekt zur lückenlosen Temperaturüberwachung der Ware vom Hersteller bis ins Kühlregal des Händlers durch, um jederzeit und lückenlos die Qualität der Produkte garantieren zu können. Softwarelieferant ist das Maxess Systemhaus und Anbieter der RFID-Hardware Baumer Ident. Als Partner kooperieren auf der Herstellerseite Langnese Iglo und auf der Seite des Einzelhandels Lupus-Famila.

Handlungsrahmen und Zielsetzung

In der Praxis der Tiefkühllogistik finden sich unterschiedliche Methoden der Temperaturüberwachung, die zahlreiche potenzielle Fehlerquellen enthalten, da die Thermometer nicht ordnungsgemäß eingesetzt werden. So kann etwa das Einstechen der Thermometer in die Verpackung das Produkt beschädigen, und Infrarotfühler messen eher die Temperatur der Verpackung als die des Produktes. Darüber hinaus werden die Messvorgänge nur stichprobenartig durchgeführt, und ein oft wiederholter Messvorgang kann die Temperatur selbst beeinträchtigen. Auch wenn die Temperatur im Lieferfahrzeug richtig gemessen und aufgezeichnet wird, ist dies noch kein Nachweis, ob die vorgeschriebene Kühltemperatur für die Waren eingehalten wurde. Weiterhin erzwingen schärfere gesetzliche Bestimmungen die genaue Rückverfolgbarkeit von Lebensmitteln und die Überwachung ihres Transportweges. Die bisherigen Kontrollmöglichkeiten reichen nicht aus.

Mit der Transpondertechnologie können die Anforderungen an die Überwachung besser als bisher erfüllt werden. Angestrebt wird eine für alle Beteiligten transparente Kühlkette, die jederzeit und in jeder Stufe eine lückenlose Kontrolle zulässt, wobei unterschiedliche Partner, wie große Hersteller und mittelständische Handelsunternehmen, mit Hilfe der RFID-Technik in ein logistisches System eingebunden werden.

Technische und prozessuale Lösung

Für die logistischen Aufgaben des Unternehmens kommt das Warenwirtschaftssystem x-trade des Softwarelieferanten Maxess Systemhaus zum Einsatz, das alle logistischen sowie Abrechnung und Waren betreffende Aufgaben steuert. Mit diesem System erfasste Daten werden für das RFID-Projekt zur Überwachung des Transport- und Temperaturverlaufs von Tiefkühlprodukten benötigt. Auf aktiven Transpondern werden SSCC, Artikelnummer und -bezeichnung, Temperaturgruppe der SSCC und die Information, ob der RFID-Transponder vom Kunden zurück läuft oder bei ihm verbleibt, gespeichert. Die Transponder messen die Temperatur durch integrierte Sensoren. Da die Datenerfassung bei diesem Projekt über den Nahbereich hinausgeht, sind aktive Transponder erforderlich, die für den Mehrwegeinsatz geeignet sind und deren Batterie eine Lebensdauer von circa sechs Jahren hat. Die Transponder werden im Warenausgang an allen Paletten und Rollcontainern angebracht. Über eine stationäre Lese-/Schreibeinheit werden die vom Warenwirtschaftssystem übernommenen Daten auf den Transponder geschrieben. Die für den Kontrollvorgang entscheidende Erfassung und Aufzeichnung der Temperatur beginnt beim Verladen der Ware. Während des Transports werden die auf die Ware einwirkenden Umgebungstemperaturen in Minutenabständen gemessen.

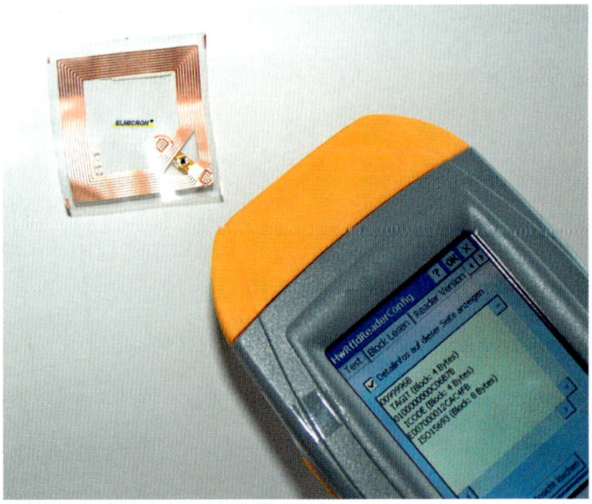

Abbildung 10: Mobiles Handlesegerät und Smart Label (Quelle: Elmicon)

Diese lassen jedoch noch keine ausreichenden Schlüsse auf die Temperatur der Tiefkühlprodukte zu. Deshalb wurde zunächst in umfangreichen Testreihen untersucht, wie sich die einzelnen Warengruppen des Tiefkühlsortiments und die Produktarten innerhalb einer Warengruppe in ihren Auftauzeiten unterscheiden. Erst die so ermittelten Temperaturklassen für die verschiedenen Warengruppen sind die eigentlichen Zielvorgaben für die mit RFID zu leistende Kontrolle der Kühlkette.

Im Wareneingang des Einzelhändlers werden die auf den Transpondern gespeicherten Messdaten der jeweiligen Umgebungstemperatur mit einem MDE-Gerät (Mobile Datenerfassung) ausgelesen. Aus diesen Temperaturverläufen und den Temperaturklassen simuliert das MDE-Gerät mit einer eigens entwickelten Formel die Produkttemperatur für die festgelegten Produktklassen.

Dem Empfänger der Ware wird so die Einhaltung der Kühlkette über den gesamten Transportweg hinweg dokumentiert, so dass Hersteller, Handel und Konsumenten von dieser Optimierung profitieren.

Wirtschaftlichkeitsbetrachtung und Schlussfolgerung für mittelständische Unternehmen

Im beschriebenen Projekt kooperieren auf Initiative eines Handelsverbundes Unternehmen unterschiedlicher Größe. Das mittelständische Unternehmen setzt den Pilottest mit Langnese Iglo als industriellem Großerzeuger und auf der Handelsseite mit einem Markt des mittelständischen Familienunternehmens Famila der Lupus Handelsgesellschaft um.

Es entstehen erhebliche Kosten bei Entwicklung und Implementierung sowie im laufenden Betrieb des RFID-Systems. Das Pilotprojekt erfordert einen Entwicklungs- und Investitionsaufwand, der von einem mittelständischen Handelsunternehmen allein nicht getragen werden kann. Dies lässt sich auch aus den umfangreichen Testreihen zur Simulation der Produkttemperatur schließen.

Da gerade KMU zum Kundenkreis gehören, wurde das Projekt so ausgelegt, dass jeder Kunde an der Temperaturüberwachung partizipieren kann, ohne eigene Investitionen zu tätigen.

Sämtliche Hardwarekomponenten werden von Baumer Ident bezogen und verbleiben im Eigentum des Projektinitiators. Die erforderliche Software wird vom Unternehmen in Zusammenarbeit mit dem Maxess Systemhaus oder selbst entwickelt. Die Fahrer der Lieferfahrzeuge bringen die Hardwarekomponenten, Transponder und MDE-Lesegerät, im Normalfall nach erfolgter Anlieferung der Ware im Markt zurück. Es findet also ein Mehrwegeinsatz statt. Zusätzlich wird den Kunden angeboten, vor allem mittelständischen Einzelhändlern, mit den Transpondern und den dazugehörigen Lesegeräten die Kühlkette bis zum Einräumen der Produkte in die Kühlregale des Marktes zu überwachen. Als weiterer Service werden diese beiden RFID-Komponenten bei Bedarf auch zur Überwachung der Kühlregale im Markt zur Verfügung gestellt. Der Einzelhändler hat auch hier keine investiven Aufwendungen, denn er muss nur Pfand bezahlen, das ihm bei Rückgabe erstattet wird. Dieser Systemablauf ermöglicht KMU die Anwendung von RFID in ihrem Markt. Sie bleibt zunächst Einzelhändlern vorbehalten, die Mitglieder der Kooperation sind, wobei beim Gelingen des Pilotprojektes an eine Übertragung auf weitere Kunden und Lieferanten gedacht werden kann.

Es wird darauf hingewiesen, dass sich die Veränderungen von Unternehmensprozessen durch Einführung von RFID immer auf das im Unternehmen vorhandene EDV-System auswirken. Die meisten KMU werden bei der Implementierung an der Hinzuziehung von externen Technologie- und IT-Spezialisten nicht vorbeikommen, so dass die Wahl eines kompetenten Partners einen hohen Stellenwert hat.

Nach Angaben des Unternehmens bleiben die Kosten des Projektes bisher unter 100.000 Euro, denen durch die lückenlose Dokumentation der Kühlkette Erträge gegenüberstehen. Schadhafte Produkte werden frühzeitig aus dem Gesamtprozess ausgesondert, und Schwachstellen in der Kühlkette lassen sich schneller feststellen und beseitigen.

Mit der geplanten Übertragung auf alle 600 Kunden und der Einbindung weiterer Lieferanten werden Rentabilitätsschwelle und Anschaffungskosten der Hardware weiter sinken. Der relativ aufwendigen Technologie, aktive Read-write-Transponder mit integrierter Temperatursensorik, stehen in der Kosten-Nutzen-Rechnung eine lange Lebensdauer von sechs Jahren und der Mehrwegeinsatz gegenüber. Auch das zusätzliche Serviceangebot für den Handel, Transponder und Lesegeräte gegen Bepfandung zeitweise für die Temperaturüberwachung im eigenen Markt zu verwenden, erhöht den Nutzen. Für ein kleines oder mittleres Logistikunternehmen mit einem regional oder lokal begrenzten Lieferanten- und Kundenstamm wird sich eine solche RFID-Lösung nicht rechnen. Es bietet sich in diesem Fall eine Kooperation mit einem Logistikspezialisten an. Für kleine oder mittlere Unternehmen auf der Handelsseite, die keiner Verbundgruppe angehören, ist eine Kooperation auf ihrer Ebene erwägenswert.

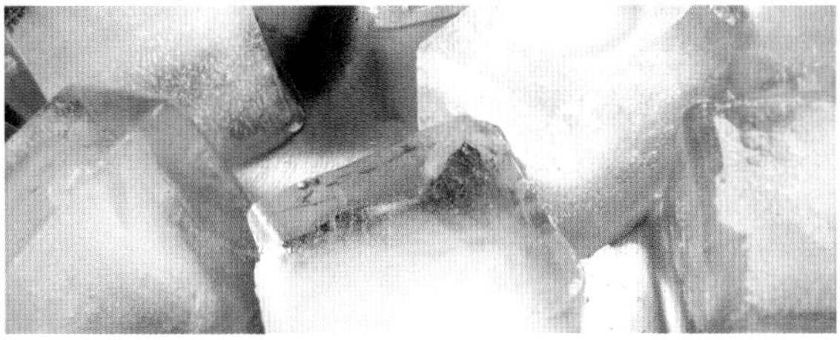

Quelle: Markus Imorde, PhotoCase.com

5.2 RFID in der Werkzeugverwaltung

FALL 2

Beschreibung des Unternehmens

Das Unternehmen stellt Kunststofferzeugnisse her und gehört mit 30 Mitarbeitern zum Mittelstand. Aus unterschiedlichen ein- und doppelseitig klebenden und nicht klebenden flexiblen Materialien werden Stanzteile gefertigt, so z. B. Emblemverklebungen und Teile zur Fixierung von Dämpfungselementen, Abschirmfolien zur Isolation von Spulen und Transformatoren oder Kleberinge zur EKG-Elektrodenbefestigung aus Polyethylenfolie. Zu den wichtigsten Kunden des mittelständischen Unternehmens zählen Daimler Chrysler, Siemens und Fresenius.

Anwendungsfeld der RFID-Technologie

Die Kundenwünsche wechseln mit jedem Auftrag, so dass sich weder Produktpalette noch Fertigungsprozesse standardisieren lassen. Beschaffung, Einsatz, Qualität und richtige Auswahl der Werkzeuge zum richtigen Zeitpunkt sind für den Fertigungsprozess von zentraler Bedeutung. Die Verwaltung der Werkzeuge stellt eine komplexe logistische und organisatorische Aufgabe dar, deren Steuerung mit RFID eine unternehmerische Option ist.

Eine effiziente Werkzeugverwaltung gewährleistet, dass die für den jeweiligen Produktionsvorgang erforderlichen Werkzeuge ohne Zeitverluste eingesetzt werden. Dazu trägt eine optimale Lagerhaltung mit rechtzeitiger Nachbestellung und zeitnaher Wartung, Reparatur sowie Instandsetzung bei.

Handlungsrahmen und Zielsetzung

In der Produktion werden so genannte Stanzwalzen eingesetzt, deren Statuszustand über die Qualität sowie die termintreue Fertigstellung der Produkte entscheidet. Eine Walze kann im Lager vorrätig und damit ohne Zeitverzögerung einsetzbar sein oder sie wird repariert beziehungsweise befindet sich in einem Ultraschall-Reinigungsbad. Bei jedem Auftrag wird geprüft, ob die benötigten Stanzwalzen in ausreichender Stückzahl vorhanden sind oder bestellt werden müssen. Die Erfassung der Walzen und der für den Auftrag erforderlichen Art und Stückzahl geschieht bisher mittels umständlicher, fehleranfälliger und oftmals unvollständiger Aufzeichnungen in Papierform, so dass häufig nach der richtigen Stanzwalze gesucht werden muss.

Ein weiteres Qualitätsmerkmal im Fertigungsprozess ist der Abnutzungsgrad der Walzen, über den keine Daten vorliegen. Die Folge ist, dass Werkzeuge während des Produktionsvorgangs ausfallen und ersetzt, nachbestellt oder repariert werden müssen, so dass Liefertermine nicht eingehalten werden können. Darüber hinaus können Einsatz- und Stillstandszeiten sowie Drehzahlen der Stanzwalzen nicht erfasst werden, so dass wichtige Daten zur Analyse, Steuerung und Optimierung des Produktionsablaufs fehlen.

Weitere Fehlerquellen sind die intransparente Korrespondenz mit dem Werkzeuglieferant bei Bestellungen, Reparaturen oder Überholungen sowie die manuelle Eingabe von Auftragsänderungen in die laufende Produktion.

Mit einer RFID-Lösung soll ein effizientes Werkzeugmanagement realisiert werden. Ziel dabei ist es, mit Hilfe von Transpondern den Statuszustand jedes Werkzeugs zu identifizieren und seine Nutzung durch präzises Erfassen der Umdrehungszahl zu messen.

Mit den auf den Transpondern gespeicherten Daten, wie Leistungspotenzial des Werkzeugs und Reparaturangaben, soll der Datenaustausch zwischen Unternehmen und Lieferanten zeitgenau und werkzeugspezifisch möglich werden.

Technische und prozessuale Lösung

Die mit der Implementierung des RFID-Systems gefundene Lösung zur Erfassung der Leistungsdaten stellt sich wie folgt dar: Die in die Stanzmaschinen eingesetzten Werkzeuge werden mit Transpondern ausgerüstet, und an den Maschinen wird die Antenne eines Intelligent Reader angebracht, der über eine Netzwerkverbindung an das EDV-System angebunden wird. So kann nach jedem durchgeführten Auftrag die Stückzahl ermittelt, von der Maximalkapazität abgezogen und das für weitere Aufträge verbleibende Leistungspotenzial des Werkzeuges errechnet werden.

Es wird mit passiven, induktiv gekoppelten Transpondern gearbeitet. Bei induktiver Koppelung wird zur Energieversorgung des Transponders eine Spannung an seiner Spulenantenne durch ein variables Magnetfeld erzeugt, mit dem Reichweiten von maximal 50 bis 70 cm überbrückt werden können. Die technischen Anforderungen sind wegen der Besonderheiten des spezifischen Fertigungsprozesses hoch. Die Transponder müssen in eine Metallumgebung mit hohen Temperaturen integriert werden und säurehaltigen Flüssigkeiten standhalten. Die Stanzwalzen bestehen aus gehärtetem Edelstahl, einem ferromagnetischen Werkstoff. Es kommen deshalb nur Transponder in Frage, die mit Ferritabschirmung oder Ferritkern versehen sind.

So genannten Intelligent Reader besitzen durch einem integrierten kleinen PC ein höheres Leistungsspektrum als reine Lese- / Schreibgeräte. Er kann die Werkzeugumdrehungen über den in der Walze integrierten Transponder erfassen, umfangreiche Daten speichern und an das angeschlossene Netzwerk weitergeben. Die Intelligent Reader werden an den Stanzmaschinen, beim Ein- und Ausgang der Werkzeuge, im Ultraschallbad, im Lager und beim Lieferanten eingesetzt.

Wirtschaftlichkeitsbetrachtung und Schlussfolgerung für mittelständische Unternehmen

Als Zulieferer für die Automobil- und Elektroindustrie sowie die Medizintechnik operiert das Unternehmen auf einem für KMU typischen Geschäftsfeld. Im vorliegenden Fall handelt es sich um eine unternehmensinterne RFID-Anwendung, wobei die Notwendigkeit besteht, sowohl die Lieferanten- als auch die Kundenseite in den Datenaustausch einzubeziehen und die bisherige aufwendige Auftragsbearbeitung in Papierform effizienter zu gestalten. Die Initiative hierzu geht von der beschriebenen Firma aus, so dass die Konzeptentwicklung allein von ihr bestimmt werden kann. Lieferanten- und Kundendaten sind nur insoweit eingebunden, als sie für die Werkzeugverwaltung und die Produktionssteuerung relevant sind.

Das Unternehmen betont, dass „KMU aus unserer Sicht für RFID-Inhouse-Anwendungen prädestiniert sind", wobei die Anpassung der innerbetrieblichen Prozesse die Bereitschaft aller Mitarbeiter erfordert. Einsparpotenziale ergeben sich durch eine effizientere Verwaltung des Datenbestandes der Werkzeuge, sichere und zeitnahe Daten, genaue Erfassung des jeweiligen Werkzeugstatus, rechtzeitige Wartung sowie Reparatur und dadurch geringere Kapitalbindung für Ersatzwerkzeuge, richtige Werkzeugauswahl sowie einen einfacheren Austausch von Informationen mit den Lieferanten.

Das Unternehmen geht davon aus, dass sich der Return on Investment (ROI) in etwa einem Jahr einstellen wird und sieht für die Zukunft ein Einsparpotenzial von 10 bis 15 % für den Produktions- und Logistikbereich. Für KMU kann die Transpondertechnologie vor allem dann von Nutzen sein, wenn hochwertige Objekte dauerhaft mit Transpondern ausgerüstet werden.

Die positive Einschätzung spiegelt sich ferner darin wider, dass das Unternehmen in Kürze mit einem Hauptlieferanten eine erste gemeinsame mobile RFID-gestützte Pilotanwendung umsetzt.

Nach Einschätzung der Firma stehen einer weiteren Verbreitung von RFID-Inhouse-Anwendungen in KMU zurzeit noch mangelndes Wissen, fehlende Standards und fehlende fertige Anwendungslösungen entgegen. Gerade aber die Entwicklung eines eigenen RFID-Konzepts schaffe im Unternehmen viel Know-how, das zu einem positiven innovativen Schub führen kann.

Die erfolgreiche Optimierung der Werkzeugverwaltung macht deutlich, dass es sich auch für andere mittelständische Unternehmen, die sich in einer vergleichbaren Marktposition befinden, lohnen kann, ihre innerbetrieblichen Prozessabläufe durch den Einsatz von RFID zu optimieren. Sie befinden sich dabei in der günstigen Situation, dass sie den Handlungsspielraum haben, Zeitpunkt und Art der RFID-Anwendung selbst zu bestimmen. Allerdings wird es in der Regel keine vorgefertigten Lösungskonzepte geben.

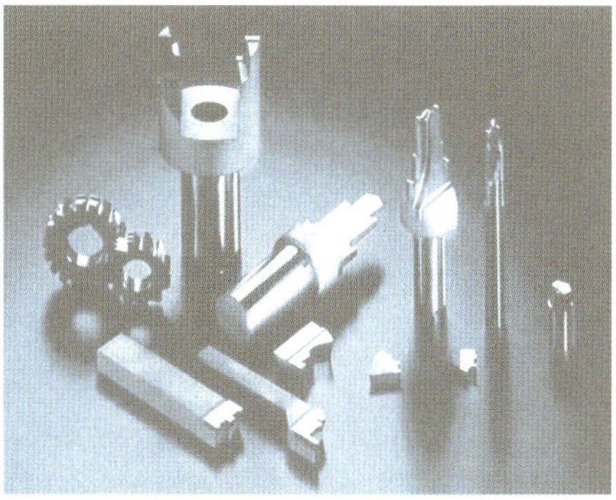

5.3 RFID in der Hochregallagerlogistik

FALL 3

Beschreibung des Unternehmens

Die Firma ist Anbieter von Gläsern für renommierte Getränkemarken. Das Unternehmen produziert Gläser für Getränkemarken in großer Menge und in sehr differenzierter Produktvielfalt. Wichtigste Leistungen des Unternehmens sind Glasdesign, Dekordesign und Dekortechnik. Rund 300 Mitarbeiter erwirtschaften einen Jahresumsatz von 40,9 Millionen Euro.

Die angewandten Dekortechniken wie Automatendruck, Spezialgold, Beschichtung sowie Metallicdekor erweitern das Produktangebot. Für die Belieferung der zahlreichen Kunden stellt die breite Produktpalette eine große logistische Herausforderung dar.

Anwendungsfeld der RFID-Technologie

Um den Kunden weltweit einen konkurrenzfähigen Service zu bieten und um eine kontinuierliche Versorgung der Kunden zu gewährleisten, sind große logistische Anstrengungen erforderlich. Das Unternehmen hat im Jahr 2001 ein auf dem neuesten Stand der Technik entwickeltes und mit der eigenen Fertigung verbundenes Hochregallager errichtet, das einen besseren Service den Kunden gegenüber ermöglicht und gleichzeitig ein beträchtliches Potenzial für Kosteneinsparungen im eigenen Logistikbereich bietet. RFID erlaubt die zeitgleiche, lückenlose und eindeutige Erfassung unterschiedlicher Produkte bei Einlagerung und Abgang sowie im Lager selbst.

Handlungsrahmen und Zielsetzung

Die gesamte Produktpalette wird für die weltweite Auslieferung im zentralen Hochregallager vorrätig gehalten. Auf einer Grundfläche von ungefähr 5.000 m^2 können bis zu 15 Millionen Getränkegläser in Regalen mit einer Höhe von 20 Metern gelagert werden. Das Lager fasst insgesamt ca. 15.000 Paletten. In der Hauptsaison im Sommer werden jeden Monat über vier Millionen Gläser ausgeliefert. Um die Ausführung der Kundenaufträge just-in-time zu gewährleisten, muss der Status aller eingelagerten Glaswaren in Echtzeit im Detail abgefragt werden können.

Der Bau eines zentralen Hochregallagers und die Einführung der RFID-Technologie sind eng miteinander verknüpfte Komponenten der Gesamtinvestition in eine neue, technisch anspruchsvolle Lagerhaltung und Logistik, die der Steigerung der Lagerqualität und der Verkürzung der Durchlaufzeiten dient.

Technische und prozessuale Lösung

Zur Identifizierung der eingelagerten Glaswaren werden passive Read-only-Transponder eingesetzt, deren Lebensdauer nahezu unbegrenzt ist. Der maximale Leseabstand beträgt 60 cm. Die eingesetzten Transponder zeichnen sich durch eine hohe Systemsicherheit aus und haben eine geringe Ausfallquote. Sie werden mittels einer Kunststoffhalterung per Hand in die Verpackungsfolien der Warenkartons eingesteckt und am Warenausgang wieder entfernt.

Die Transponderbefestigung mittels Halteklammer ist eine sehr einfache, praktisch handhabbare und auch kostengünstige Form der Applikation. Im Vergleich mit der schwierigen Aufgabe in der Werkzeugverwaltung (Beispiel 2), passive Transponder auf Stanzwalzen aus Edelstahl sicher anzubringen, zeigt die einfache Lösung in der Lagerlogistik, dass die Implementierung von Transpondern je nach Anwendung verschiedene Techniken mit unterschiedlich hohen Kosten erfordert. Gerade für KMU ist dies bei der Frage, ob sich der Einsatz von RFID lohnt, eine nicht zu vernachlässigende Größe.

Als Leseeinheiten kommen so genannte stationäre Minireader des Anbieters EURO I.D. zum Einsatz. Sie sind je nach Einsatzstelle mit Platten- und Sensorantennen ausgestattet. Die Plattenantennen sind im Palettenförderband integriert und lesen die Daten von den an Stirn- oder Rückseite der Palette befestigten Transpondern. Die Sensorantennen sind seitlich am Förderband angebracht und erfassen die an den Seiten der Paletten angesteckten Transponder. Diese auf den ersten Blick aufwendig erscheinende Auslesetechnik über zwei Antennensysteme senkt die Kosten: die Zahl der erforderlichen Transponder kann verringert werden und bei der Einbringung der Paletten in das Fördersystem braucht nicht darauf geachtet zu werden, an welcher Stelle der Transponder eingesteckt ist, so dass die Umlaufgeschwindigkeit erhöht werden kann.

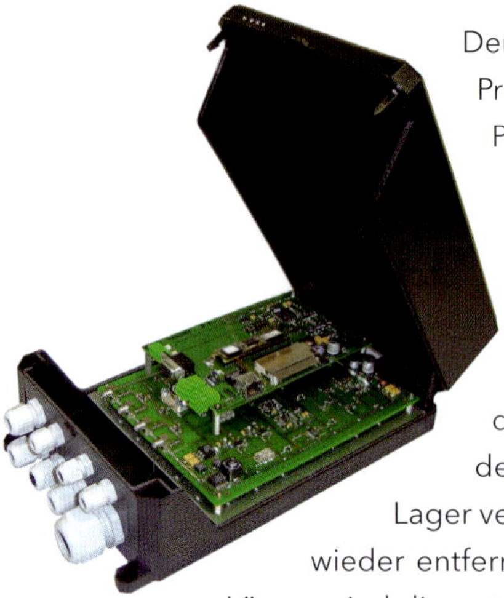

Der prozessuale Ablauf beginnt mit der manuellen Prüfung und Erfassung der ins Lager kommenden Paletten am Lagerleitstand. Dann erfolgt die so genannte „Verheiratung" der Paletten beziehungsweise des jeweiligen Transpondercodes mit den Glaswaren, indem diese zusammen in einer Datenbank gespeichert werden. Damit sind die technischen Voraussetzungen für die Steuerung des gesamten logistischen Ablaufs im Lager bis zu dem Zeitpunkt geschaffen, an dem die Ware das Lager verlässt. Im Warenausgang werden die Transponder wieder entfernt und in den Kreislauf zurückgeführt. Mit dieser Lösung sind die unterschiedlichen Artikel über den in der Datenbank gespeicherten Code jederzeit identifizier- und steuerbar.

Abb. 11: ID ISC.LRU1000 OBID *i-scan®* *UHF* Longrange-Leser (Quelle: FEIG)

Wirtschaftlichkeitsbetrachtung und Schlussfolgerung für mittelständische Unternehmen

Das entwickelte RFID-Konzept ist eine unternehmensinterne Lösung, die sich allein an den Erfordernissen der Optimierung des Lagerprozesses orientiert.

Das Unternehmen gibt an, dass es keine Notwendigkeit zu Kooperationsüberlegungen mit Kunden und Lieferanten sieht, da Rückverfolgungsthematiken oder ähnlich gelagerte Anforderungen keine Bedeutung haben. Hier zeigt sich ein wesentlicher Unterschied zum Anforderungsprofil anderer Unternehmensbeispiele. Im Beispiel der Tiefkühllogistik etwa führt an den relativ aufwendigen aktiven Transpondern mit integrierter Sensorik kein Weg vorbei, hier genügen passive Transponder. In der Werkzeugverwaltung reichen ebenfalls passive Transponder aus, wobei diese schwierigeren Umweltbedingungen standhalten müssen.

Die (externen) Technologiepartner des Unternehmens konnten die RFID-Komponenten problemlos in das interne EDV-System integrieren.

Diese RFID-Anwendung ist Teilkomponente der strategischen Investitionsentscheidung für ein neues zentrales Hochregallager. Aufgrund des Umfangs der Gesamtentscheidung lässt sich in diesem Fall keine isolierte Kosten-Nutzen-Rechnung für die Lösung erstellen.

Nach Unternehmensangaben zeichnet sich das RFID-System durch absolute Zuverlässigkeit bei einfacher Handhabung aus. Allerdings müsse die Verwendung dieser Technologie immer im Einzelfalle geprüft werden, weil die Anschaffung zurzeit noch mit hohen Kosten verbunden sei.

Aus der Analyse des Falles und den Aussagen des Unternehmens lässt sich folgern, dass die Anwendung von RFID-Systemen durch andere mittelständische Unternehmen, die vor vergleichbaren betrieblichen Herausforderungen stehen, in Frage kommt. Vor allem bei logistischen Prozessen, die sich durch große Produktvielfalt und jederzeitige Lieferbereitschaft auszeichnen, sind Zuverlässigkeit, Handhabbarkeit, Geschwindigkeit und Aktualität der Objektidentifikation wichtige Anforderungen. Eine Verbesserung dieser betrieblichen Abläufe kann die Investitionskosten für RFID rechtfertigen.

Quelle: Otto-Pressebild

5.4 RFID zur Optimierung des Rollbehälterumlaufs

FALL 4

Beschreibung des Unternehmens

Im Jahr 2004 erzielt das Unternehmen einen Umsatz von knapp 4 Milliarden Euro und hat etwa 26.000 Mitarbeiter. Das Unternehmen unterhält insgesamt fast 1.500 Märkte, die die kleinste Betriebseinheit der Kette darstellen. Mit 744 Märkten wird etwas mehr als die Hälfte durch selbstständige Kaufleute geführt.

Als Dienstleistung stellt das Unternehmen seinen zahlreichen Einzel- und Großhändlern neue Methoden in der Handelslogistik zur Verfügung. Dazu gehört etwa die Optimierung des Warentransportes mit Rollcontainern, aber auch ein computergesteuertes Rechnungswesen.

Anwendungsfeld der RFID-Technologie

Die RFID-Technologie wird zur lückenlosen Verfolgung des internen Kreislaufs von Rollbehältern eingesetzt. Die Rollbehälter sollen über die gesamte unternehmensinterne Logistikkette erfasst und identifiziert werden.

In einem ersten Schritt werden im Zentrallager alle 15.000 Rollbehälter durch die Bestückung mit Transpondern in das Projekt einbezogen. Der Weg der Rollbehälter vom Verteilzentrum zu den einzelnen Verkaufsstätten und zurück wird verfolgt. Die Rollcontainer sind nicht bepfandet. Auf den Ladungsträgern befinden sich auch Mehrweg-Transportbehälter, die mit erfasst werden können.

Handlungsrahmen und Zielsetzung

Die kundengenaue Steuerung der beladenen Rollcontainer und die Kontrolle des zurückfließenden Leergutes stellt aufgrund der großen Zahl von Transporthilfsmitteln und der Vielzahl der zu beliefernden Märkte eine große Herausforderung dar. Mit dem RFID-Projekt verspricht sich das Unternehmen Kostensenkungen im internen Behälterumlauf. Das Lager überprüft den Rücklauf der Transporthilfsmittel bisher anhand von Barcode-Labeln, die an den Leercontainern angebracht werden. Diese so genannten Rückgabe-Label können nur einmal verwendet werden, so dass ihr Einsatz mit erheblichen Kosten verbunden ist. Eine Quelle für Auseinandersetzungen zwischen Lager und Märkten sind außerdem nicht zuordenbaren Leercontainer, deren Label verloren gegangen ist. Im RFID-Projekt werden die Label durch Transponder ersetzt. Darüber hinaus soll der Gesamtbestand an Rollbehältern durch deren bessere Steuerung im internen Kreislauf reduziert und gleichzeitig eine permanente Bestandsübersicht erreicht werden.

Technische und prozessuale Lösung

Die Rollbehälter werden im Lager mit passiven, wieder verwendbaren Transpondern von Philips ausgerüstet, die mit 868 MHz UHF arbeiten. Die Transponder können sowohl an den Gates im Wareneingang des Lagers als auch mobil durch Handheld-Lesegeräte gelesen werden. Eine besondere Herausforderung stellt die Anbringung der Transponder an den Rollbehältern dar, da die Funksignale störanfällig gegen Wasser und Metall sind oder durch die Hand eines Mitarbeiters beeinträchtigt werden können.

Beim Verladen im Lager wird der Warenbestand des Containers manuell durch den Fahrer des LKW auf dem Transponder gespeichert und der SSCC erfasst. Dazu wurde ein kombiniertes Gerät entwickelt, das einen RFID-Leser, einen Scanner, ein GPS-Navigationssystem, ein Mobiltelefon und eine Wireless-LAN-Verbindung bereitstellt. Beim Ausladen der Ware im Markt werden die Transponder ausgelesen und die Ladung des Rollcontainers online im Bestandssystem des Marktes verbucht. Zurückgehende leere Rollbehälter werden beim Ausgang im Markt und beim Eingang im zentralen Lager erfasst. Hier wird das Leergut an den Lese-Gates des Wareneingangs automatisch identifiziert. Bei diesem Vorgang wird gleichzeitig geprüft, ob alle Rollbehälter entladen und registriert sind. Andere logistische Vorgänge, wie die Kommissionierung der Waren, wickelt das Unternehmen mit der bisherigen EAN-Technik ab.

Wirtschaftlichkeitsbetrachtung und Schlussfolgerung für mittelständische Unternehmen

In diesem Projekt kooperiert ein Verteilzentrum mit den Märkten, die von diesem Lager beliefert werden. Während das Unternehmen von der Optimierung des internen Rollbehälterumlaufs und den damit verbundenen

Kosteneinsparungen profitiert, bringt RFID auch den Outlets Vorteile. Das Anbringen von Barcode-Labels entfällt, Konflikte wegen der Fehlsteuerung von Leerbehältern werden vermieden und es erfolgen weitgehend fehlerfreie Lieferungen.

An den Projektkosten beteiligt sich das für Innovation und Technologie zuständige Ministerium im Rahmen eines Förderschwerpunktes. Das Projekt wird auch von der EU gefördert. Neben einer Universität als Beratungsinstitution wirken die Firmen Salomon als Softwareanbieter und Tricon als RFID-Hersteller mit.

Diese Projektkonstellation lässt erkennen, dass die realisierte RFID-Lösung nur von einem finanzstarken Großunternehmen angegangen werden kann, nicht aber von einem mittelständischen Unternehmen.

Das Unternehmen macht zu den Investitionskosten keine Angaben, verweist allerdings darauf, dass bereits exakte Erkenntnisse über die Kosten-Nutzen-Relation vorliegen und sich das Projekt schon nach einigen Monaten trägt.

Der technische Aufwand für den RFID-Einsatz zur Optimierung des Behälterumlaufs ist hoch. Die Hardwarekomponenten müssen sorgfältig auf optimale Anbringung, Umwelteinflüsse und Störanfälligkeit getestet und teilweise neu entwickelt werden. Dieser Aufwand kann von einem KMU alleine nicht erbracht werden.

Auch die Einbindung in ein bestehendes EDV-System ist nicht ohne weiteres möglich. Es wird betont, dass für eine erfolgreiche Anwendung erfahrene und zukunftsorientierte Technologiepartner erforderlich sind. Die selbstständigen, mittelständischen Einzelhändler können an einer derart aufwendigen technischen Lösung nur als Mitglieder einer Kette partizipieren. Dieses Beispiel zeigt, ähnlich wie der erste Praxisfall, dass KMU technisch anspruchsvolle RFID-Anwendungen eher als Teil einer Verbundgruppe realisieren. Für mittelständische Händler, die nicht Mitglieder einer großen Verbundgruppe sind, bietet sich eine Kooperation mit gleichen Partnern auf horizontaler Ebene an, um so etwa die Verhandlungsposition über eine gemeinsame Lösung gegenüber IT-Systemanbietern zu stärken. Die Systemanbieter wiederum können Angebote machen, die bei mehreren KMU einsetzbar und damit kostengünstiger sind.

5.5 RFID in der Konsumgüterindustrie und Handelslogistik

FALL 5

Beschreibung der Unternehmen

Eines der beiden beteiligten Unternehmen zählt mit jährlich mehr als 1,24 Milliarden Euro Umsatz und mehr als 30.000 Beschäftigten zu den weltweit größten Herstellern von Unterbekleidung.

Das zweite Unternehmen, ein großer Welthandelskonzern, strebt bei der technologischen Weiterentwicklung der Handelslogistik eine Vorreiterrolle an. Zu den wichtigen Partnern, mit denen es dabei kooperiert, gehört erstgenanntes Unternehmen als bedeutender Lieferant.

Anwendungsfeld der RFID-Technologie

Der Handelskonzern testet im Rahmen einer Initiative die RFID-Technologie entlang der Prozesskette, die von den Lieferanten über die Zentrallager des Unternehmens bis in seine Märkte reicht. Es wirken führende Technologieanbieter wie SAP, IBM und T-Systems sowie Lieferanten aus der Konsumgüterindustrie zusammen. Zur Optimierung des Lagermanagements sollen über die gesamte Prozesskette Warenbewegungen sowie Buchungsvorgänge registriert und zeitnah ausgewertet werden. Vom Hersteller über das Zentrallager bis zur Warenanlieferung im Handel sollen Paletten, Verpackungseinheiten und Produkte lückenlos verfolgt und zurückverfolgt werden. Für dieses Anwendungsfeld, das sich durch große Mengen unterschiedlicher Produkteinheiten und damit eine Fülle von Daten auszeichnet, bietet sich RFID als automatische Identifikationstechnik an. Im vorliegenden Fall wird die Kooperation eines Lieferanten mit dem Konzern im Rahmen der umfassenden Initiative untersucht.

Handlungsrahmen und Zielsetzung

Die Lieferkette in der Konsumgüterindustrie vom Hersteller bis zum Markt weist an vielen Stellen fehleranfällige Schwachpunkte auf. Um eine hohe Warenverfügbarkeit zu gewährleisten, muss der Handel Falschlieferungen durch fehlerhafte Kommissionierung oder Bestellung aufgrund falscher Produktidentifikation ausschließen. Zurzeit werden höhere Lagerbestände als erforderlich vorgehalten, um einen Sicherheitspuffer zu schaffen, so dass durch zuverlässige automatische Identifikationstechnologien beträchtliche Einsparpotenziale gehoben werden können.

Die Hersteller stehen vor ähnlichen Herausforderungen. Sie müssen ihre Produktions- und Lagerkapazitäten an der Nachfrage des Handels ausrichten und Lieferengpässe vermeiden. Das Warenmanagement bietet erhebliches Optimierungspotenzial. So werden im Wareneingang des Lagers vom Hersteller die Inhalte der Kartons auf Menge und Qualität der Produkteinheiten von Hand überprüft. Die Erfassung der Warenbestände für die Inventur ist mit großem zeitlichem und personellem Aufwand verbunden.

Der Konzern möchte mit Hilfe eines RFID-Systems das gesamte Warenbestandsmanagement verbessern, um die Warenverfügbarkeit in den Märkten des Unternehmens bei Reduktion der Lagerbestände zu erhöhen. Dazu erfolgt die Identifikation der logistischen Einheiten entlang der Prozesskette, um Prüfungs- und Buchungsvorgänge zu automatisieren und einen automatischen Abgleich mit der elektronischen Liedermeldung (Despatch Advice = DESADV) zu erreichen. Schließlich soll die Bedienung der Verkaufsregale in den einzelnen Filialen aus deren eigenen Lagern automatisch gesteuert werden.

Es wird betont, dass die Hersteller von der Einführung der RFID-Technologie durch eine effizientere Produktionssteuerung und eine automatisierte Wareneingangs- und -ausgangskontrolle sowie Inventur profitieren werden.

Der Lieferant und Hersteller verfolgt mit der Teilnahme eher langfristige Ziele, die im aktuellen Roll-Out nicht vorgesehen sind. Denn der größte Nutzen kann durch die Ausstattung einzelner Artikel mit Transpondern erzielt werden, wenn bei entsprechenden Transponderpreisen die Prüfung der einzelnen Verpackungseinheiten auf Inhalt und Qualität automatisiert werden könne. Darüber hinaus beteiligt sich das Unternehmen, weil es bei der Optimierung der Logistikprozesse im Handel als Pionierunternehmen an führender Stelle aktiv sein möchte.

Technische und prozessuale Lösung

Der Handelskonzern hat seine Partner in der Industrie nach dem erreichten technologischen Stand in der Anlieferung der logistischen Einheiten sowie der Verwendung des Nachrichtenstandards EDI (Electronic Data Interchange) und NVE in sechs verschiedene Typen eingeteilt. Der Lieferant im beschriebenen Fall ist als Typ A eingestuft, bei dem die Weitergabe der DESADV nach EDI-Nachrichtenstandard einschließlich der NVE erfolgt.

Im Projekt werden ultrahochfrequente Read-only-Transponder in der Bandbreite von 865 bis 868 MHz genutzt. Je nach Einsatzort bzw. -zweck werden Portal-Lesegeräte am Warenein- und -ausgang, Lesegeräte an Transportfahrzeugen wie Gabelstaplern und mobile Handheld-Geräte verwendet. Für die Identifikation wird der EPC eingesetzt.

Die Lesegeräte sind an das firmeninterne Local Area Network (LAN) angeschlossen, Wireless-LAN-fähig und können Waren im Pulk erfassen.

Mit Beginn des Roll-Outs werden im Warenausgang des Lieferanten die passiven Transponder auf den logistischen Einheiten angebracht. Am Wareneingang des Lagers wird der elektronische Produktcode registriert und in das Warenwirtschaftssystem übertragen. Mit diesem Code kann die Versandeinheit auf ihrem weiteren Weg in die Filialen genau verfolgt werden. Der gesamte logistische Prozess vom Lager des Lieferanten über das Lager des Konzerns bis in die Lagerhaltung der Warenhäuser kann in jeder Phase kontrolliert werden.

Wirtschaftlichkeitsbetrachtung und Schlussfolgerung für mittelständische Unternehmen

In den ersten Phasen des RFID-Roll-Out arbeiten auf der Lieferantenseite zunächst fast ausschließlich Großunternehmen zusammen. Die Initiative für das Gesamtprojekt liegt bei dem Handelskonzern, der jedoch mit einer Vielzahl von mittelständischen Unternehmen Lieferbeziehungen unterhält und deutlich erkennen lässt, dass er KMU im Lieferantenbereich in die Entwicklung neuer Technologien in der elektronischen Lieferkette einbeziehen will. Ähnlich wie bei einer vom Konzern und anderen gegründeten Initiative zur Einführung von ECR (Efficient Consumer Response) wird davon ausgegangen, dass es beim Voranbringen der Transpondertechnologie nicht ohne die Mitwirkung des Mittelstandes geht.

Der Hersteller betont, dass die Transponder einen hohen Anteil an den laufenden Kosten des Projekts haben, denn die passiven Read-only-Transponder belasten einseitig die Lieferanten. Die Hardwarekomponenten sind dagegen Investitionen, die über einen längeren Zeitraum genutzt und abgeschrieben werden können.

Der Handelskonzern geht von einem Return on Investment von vier bis sechs Jahren aus, als Ergebnis einer Analyse für die Lieferkette vom Lager eines anderen Herstellers bis zu einem Markt des Konzerns. Bei einem starken Preisrückgang für Transponder könnte sich der ROI bis auf zwei Jahre verkürzen.

Der Hersteller im beschriebenen Fall sieht für sich zurzeit noch keinen Nutzen durch den RFID-Einsatz, auch weil die Kosten in der Testphase noch nicht exakt quantifizierbar seien. Es handele sich bislang nur um eine besondere Dienstleistung, die das Logistik Center dem Konzern anbiete. Aber er sieht ein generelles Nutzenpotenzial für KMU, da der Wareneingang schneller und unkomplizierter organisiert, Warenvollständigkeit dokumentiert sowie Durchlaufzeiten im innerbetrieblichen Prozess optimiert werden können. Es wird in diesem Zusammenhang darauf hingewiesen, dass momentan ein Mehrwegetikett mit mehreren Funktionen entwickelt wird. Vorgesehen ist ein Transponder, der Informationen zum Produkt enthält und auf UHF-Basis arbeitet. Damit kann auch eine Warensicherung für mittelständische Einzelhändler realisiert werden.

Mittelständische Unternehmen können vor allem dann aus einer unternehmensübergreifenden RFID-Anwendung Vorteile ziehen, wenn gleichzeitig interne Prozesse optimiert werden. Allerdings muss die neue Technik von Beginn an Gewinn bringend eingesetzt werden, da mangels finanzieller Ressourcen üblicherweise kein großer Spielraum für längerfristige Vorleistungen besteht, wie sie im Beispielfall erbracht wird. Andererseits können sich KMU als Zulieferer des Handels dieser neuen Technik nicht verschließen, denn dafür ist die Marktstellung der Handelskonzerne zu groß.

Das mittelständische Unternehmen muss deshalb prüfen,

- ob es einen zeitlichen Ermessensspielraum gibt,
- ob es technische Hilfen vom Handel oder kostengünstige Lösungen von Dritten gibt (wie von den genannten Systemanbietern, beispielsweise in Form der bereits am Markt befindlichen „Starter-Sets"),
- ob es Chancen für eine horizontale Kooperation mit anderen mittelständischen Lieferanten bei der Implementierung der neuen Technologie und der Systembetreuung gibt oder
- ob die Implementierung Möglichkeiten bietet, Verbesserungen im innerbetrieblichen Logistikablauf zu erreichen (Rückverfolgung, Diebstahlsicherung, Schwundreduzierung, automatische Inventur, Optimierung der Lagerhaltung).

Eine unternehmensinterne oder Nischenanwendung, die dem mittelständischen Unternehmen, wie am Beispiel der Werkzeugverwaltung dargestellt, Entscheidungsfreiheit bezüglich der Auswahl der Systemkomponenten lässt, kommt für mittelständische Zulieferer des Handels nicht in Frage. Die zur Anwendung kommende Hard- und Software muss kompatibel sein und sich über Standards problemlos in die Lieferkette von Hersteller und Handel integrieren lassen.

6 Leitfaden für mittelständische Unternehmen

Die fünf Implementierungsbeispiele sind so ausgewählt, dass die damit untersuchten Anwendungsfelder ein großes Einsatzspektrum abdecken. Die Erkenntnisse aus der Analyse dieser Praxisfälle werden auf den folgenden Seiten zu einem Leitfaden zusammengefasst, der KMU dazu dienen kann, eine Investitionsentscheidung für die Anwendung von RFID systematisch vorzubereiten. Dieser Leitfaden soll dabei unterstützen zu erkennen, für welche Unternehmensprozesse RFID geeignet ist, wie ein mit RFID zu lösendes Problem beschrieben und näher eingegrenzt werden kann und wie relevante Ziele definiert werden können. Ein mittelständisches Unternehmen, das eine Investition in die RFID-Technologie beabsichtigt, muss von der ersten Überlegung bis zur endgültigen Entscheidung eine Reihe von Planungsschritten beachten. Sie werden ausgehend von der ersten Grobplanung im Verlauf des Entscheidungsprozesses immer konkreter und detaillierter und sind im folgenden Leitfaden dargestellt. Grundlage sind dabei die aus den analysierten Praxisfällen gewonnenen Erkenntnisse.

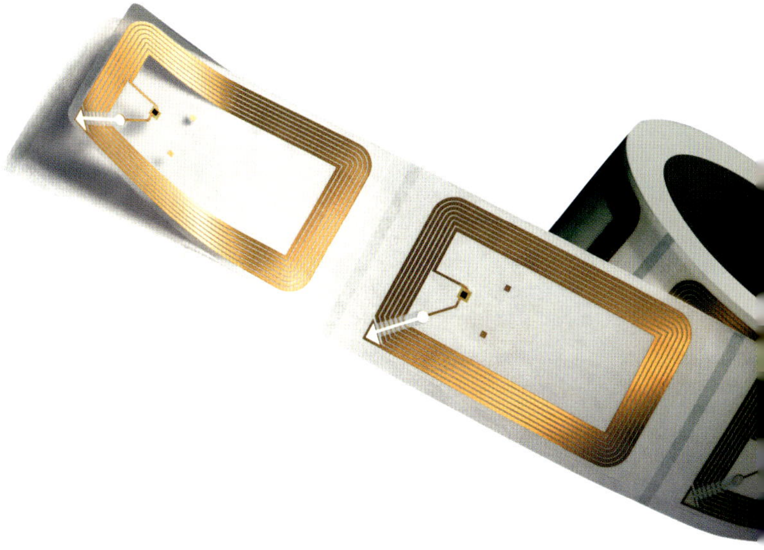

6.1 Bestimmung des Anwendungsfeldes

Bei der Planung des Einsatzes von RFID in KMU ist als Erstes zu klären, in welchem Anwendungsbereich die neue Technologie eingesetzt werden soll. Die folgende Übersicht zeigt Anwendungsfelder, auf denen die Transpondertechnologie erfolgreich getestet und bereits im praktischen Einsatz ist.

- Produktverfolgung einschließlich Überwachung durch Sensorik (Beispiel: Tiefkühlprodukte)
- Verfolgung von Investitionsgütern (Beispiel: Werkzeugverwaltung)
- Verfolgung von Transporthilfsmitteln (Beispiel: Rollcontainer)
- Produktverfolgung durch Identifikation von logistischen Einheiten sowie Handelseinheiten entlang der Prozesskette (Beispiel: Paletten und Pakete, Lagerhaltung)
- Anwendung im Herstellungsprozess (Beispiel: Automobilindustrie)

RFID kann natürlich auch in anderen Anwendungsfeldern Prozesse optimieren, so dass etwa die Einführung im Rahmen von Pilotprojekten, unter Umständen abgetrennt vom laufenden Betrieb, geplant werden kann. Allerdings gibt es in den beschriebenen Bereichen bereits eine Vielzahl von Erfahrungen, so dass eventuell mit weniger aufwendiger Planung und kostengünstigeren Lösungen gerechnet werden kann. Pilotprojekte erfordern voraussichtlich höhere Investitionen und längere Anlaufzeiten, bis sie in den Regelbetrieb übertragen werden können und wirtschaftlich tragend sind.

6.2 Problembeschreibung und Zielfestsetzung

Im nächsten Schritt muss der mit RFID zu optimierende Ablauf analysiert werden. Dabei sind Prozessstörungen und deren Ursachen entsprechenden Zielvorgaben gegenüberzustellen, um das Anwendungsfeld näher einzugrenzen und das Optimierungspotenzial freizustellen. Die nachfolgende Übersicht zeigt das Ergebnis dieses Untersuchungsschrittes an den untersuchten Praxisfällen.

Praxisfall	Prozessstörung	Ursache	Zielvorgaben / Optimierungspotenzial
1	▪ Unterbrechung der Kühlkette ▪ Rückverfolgungsproblematik	▪ unzureichende Überwachung der Tiefkühlkette	▪ lückenlose Kontrolle der Kühltemperatur über die gesamte Lieferkette hinweg
2	▪ Unterbrechung des Produktionsprozesses ▪ Suche nach Werkzeug	▪ unzureichende Daten über Bestand, Bedarf, Ort und Abnutzung des eingesetzten Investitionsgutes	▪ automatisches Erfassen des Werkzeugstatus ▪ Feinabstimmung mit dem Werkzeughersteller ▪ Optimierung der Werkzeugverwaltung ▪ Termintreue
3	▪ Unterbrechung der Belieferung der eigenen Produktion ▪ verspätete Auslieferung	▪ sehr hoher Produktdurchsatz ▪ komplexes und umfangreiches Hochlager	▪ automatisierte Lagerhaltung und Verkürzung der Durchlaufzeiten ▪ Sicherung der Kundenversorgung ▪ Termintreue
4	▪ Schwund von teuren Rollbehältern ▪ Rückverfolgungsproblematik	▪ ungenaue Steuerung des Umlaufs ▪ manuelle Verwaltung der Container ▪ Schwund von Barcodeetiketten	▪ Reduzierung des Schwundes und damit des Gesamtbestandes durch Optimierung des internen Umlaufs ▪ Rückverfolgungsgarantie
5	▪ Out-of-Stock-Situationen ▪ zu hohe Lagerbestände ▪ hoher Aufwand für Registrierung der Waren	▪ Falschlieferungen und -bestellungen durch fehlerhafte Produktidentifikation ▪ manuelle Registrierung / Kontrolle	▪ Verbesserung des Warenbestandsmanagements ▪ höhere Warenverfügbarkeit

Tabelle 4: Störung - Ursache - Ziele

6.3 Unternehmensinterne oder -übergreifende Lösung

In einer weiteren Stufe ist zu prüfen, ob das Ziel mit einer unternehmensinternen RFID-Lösung verwirklicht werden kann oder eine unternehmensübergreifende Kooperation erforderlich ist. Das Unternehmen muss seine internen Prozesse und Geschäftsbeziehungen zu Herstellern, Lieferanten und Kunden analysieren, um Möglichkeiten und Potenzial einer RFID-Anwendung abzuschätzen. Für die weiteren konkreten Umsetzungsschritte ist entscheidend, ob sie vom mittelständischen Unternehmen weitgehend selbstständig oder nur in Kooperation mit anderen realisiert werden können. Unternehmensinterne Anwendungen kann das Unternehmen mit Technologieanbietern seiner Wahl und speziell auf seine individuellen betrieblichen Anforderungen hin entwickeln. Bei unternehmensübergreifenden Kooperationen sind mittelständische Unternehmen in der Auswahl der Komponenten zum Teil an die Vorgaben der großen Handelspartner gebunden. Auch die immer zahlreicher werdenden Angebote der IT-Systemanbieter sind teilweise von den großen Handelsunternehmen initiiert. Umso wichtiger ist es, dass KMU von Anfang an prüfen, welche innerbetriebliche Optimierung im Rahmen der unternehmensübergreifenden RFID-Lösung erreicht werden kann.

Anwendungsart	unternehmensinterne RFID-Lösung	unternehmensübergreifende RFID-Lösung
Verfolgung von *Transporthilfsmitteln*	Rollcontainer in Beispiel 4	
Verfolgung von *Investitionsgütern*	Werkzeuge in Beispiel 2	
Produktverfolgung	Hochregallager in Beispiel 3	Tiefkühllogistik in Beispiel 1 und Konsumgüter in Beispiel 5

Tabelle 5: unternehmensinterne oder -übergreifende Lösung

Bei der Einführung von RFID können KMU mit Partnern auf der gleichen Stufe der Wertschöpfungskette zusammenarbeiten. Ein Unternehmensverbund stärkt die Position gegenüber den Anbietern von RFID-Hard- und Software.

6.4 Auswahlkriterien für die Hardware

Ist die Entscheidung getroffen, den Einsatz von RFID im eigenen Unternehmen - sei es in alleiniger Verantwortung oder im Rahmen einer unternehmensübergreifenden Kooperation - konkret zu prüfen, so müssen die Anforderungen an die einzusetzende Hard- und Software geklärt werden. Sie bestimmen wesentlich die Kosten und sind damit wichtiger Bestandteil der erforderlichen Wirtschaftlichkeitsuntersuchung.

Die best-practice-Beispiele zeigen, dass jede RFID-Anwendung in der Praxis individuelle technische und prozessuale Verfahren erfordert. Die Art des zu identifizierenden Objektes und der jeweilige Prozessablauf im Unternehmen bestimmen, welche technischen Eigenschaften bei der Auswahl der Hardwarekomponenten beachtet werden müssen. Die Tabelle auf den nächsten Seiten zeigt diesen Zusammenhang auf Basis der Beispiele im Überblick.

Prozessuale Anforderungen im Unternehmen / Technische Anforderungen	Verfolgung von Investitionsgütern	Überwachung von Produkten mit Sensorik, große Lesedistanzen
Transponder / Tag	▪ read-write, passiv, Lesereichweite unter 1 m, Ferritkern bei metallischer Umgebung ▪ dauerhafter Einsatz ▪ geschlossener Kreislauf	▪ read-write, aktiv, große Lesereichweite, integrierte Sensorik ▪ Mehrwegeinsatz, Lebensdauer der Batterie mehrere Jahre ▪ geschlossener Kreislauf
Speicheranforderung	▪ umfangreiche Daten, z. B. Werkzeugumdrehungszahl	▪ NVE, Artikel-Nr., Bezeichnung, Temperaturgruppe
Lesegeräte	▪ Intelligent Reader	▪ stationäre und Handlesegeräte
Anbringung Transponder / Lesegeräte bzw. Antenne	▪ schwierige Anbringung am Investitionsgut (Werkzeug), Antennenanbringung an Maschine	▪ Tags werden an Containern angebracht, stationäre Lesegeräte am Warenein- und -ausgang

Technische Anforderungen \ Prozessuale Anforderungen im Unternehmen	Produktverfolgung entlang der Lieferkette	Verfolgung von Transporthilfsmitteln	Produktverfolgung im Lager
Transponder / Tag	■ read-only, passiv, Lesereichweite unter 1 m ■ Einmalverwendung ■ offener Kreislauf	■ read-write, passiv, Lesereichweite unter 1 m ■ Mehrwegeinsatz, hohe Lebensdauer ■ geschlossener Kreislauf	■ read-only, passiv, Lesereichweite unter 1 m ■ Mehrwegeinsatz, Lebensdauer nahezu unbegrenzt ■ geschlossener Kreislauf
Speicheranforderung	■ Eindeutige Identifikationsnummer	■ SSCC	■ Eindeutige Identifikationsnummer
Lesegeräte	■ stationäre Lesegeräte und Handlesegeräte	■ stationäre Lesegeräte und Handlesegeräte	■ stationäre Lesegeräte mit Sensor- und Plattenantennen
Anbringung Transponder / Lesegeräte bzw. Antenne	■ Tags werden an logistischen und Handelseinheiten angebracht. Portal-Lesegeräte am Wareneinund -ausgang, Lesegeräte an Transportfahrzeugen	■ Tags werden an Transporthilfsmittel angebracht, stationäre Lesegeräte und Antennen am Warenausgang	■ beispielsweise Einstecken von Transponderhalteklammer an Verpackung, Antennen am Rollband

Tabelle 6: technische Anforderungen anhand der Praxisfälle

Erfordert der Prozessablauf im Unternehmen große Lesereichweiten (über einem Meter), so kommen nur aktive Transponder in Frage. Meist sind aber lediglich kurze Distanzen im Zentimeterbereich zwischen Lesegerät und Antenne zu überbrücken, so dass passive Transponder ausreichend sind. Außerdem sind störende Umwelteinflüsse zu beachten. Dazu gehören unter anderem metallische Umgebungen, Wasser und Hitze. Bei Anbringung der Transponder auf Metall kann es zu elektromagnetischen Störungen kommen, die eine Abschirmung z. B. durch Abstandshalter oder Ferritbeschichtung oder -kern erforderlich machen. Störende Einflüsse durch Wasser oder Personal können teilweise durch die Art der Anbringung der Transponder bzw. die Platzierung der Antennen ausgeschlossen werden.

Störungen durch Wasser oder Metall können durch die Wahl der Frequenz minimiert werden. So eignen sich Transponder mit niedriger UHF besser für den Einsatz in Metallumgebung oder im Bereich von Flüssigkeiten als solche mit höherer Arbeitsfrequenz. Müssen mehrere Transponder gleichzeitig eingelesen werden, sind pulkfähige Lesegeräte notwendig.

prozessuale Anforderung im Unternehmen	technische Anforderungen
Lesereichweiten im Bereich von über einem Meter	aktive Transponder
Lesereichweite im Zentimeterbereich	passive Transponder
metallische Umgebung	Transponder mit Ferritbeschichtung oder -kern bzw. Transponder mit niedriger Frequenz
Wasser	Transponder mit niedriger Frequenz, geschützte Anbringung, wasserdichte Ausfertigung
Hitze	hitzeresistente Transponder
mehrere Transponder zeitgleich im Empfangsbereich des Lesegerätes	pulkfähige Lesegeräte

Tabelle 7: allgemeine technische Anforderungen

Bei der Auswahl der Hardware sind neben den technischen weitere Kriterien zu beachten. Wichtig ist etwa, ob die erforderlichen Verfahren bereits am Markt angeboten werden oder sie speziell entwickelt werden müssen. Zu klären ist auch, ob aufwendige Tests durchgeführt werden müssen. In eigener Regie handelnde KMU können unter Umständen bereits in diesem Stadium die Unterstützung externer Dienstleister in Anspruch nehmen, um technische Fragen zu klären und zu einer soliden Entscheidungsfindung zu gelangen.

6.5 Standardisierung der RFID-Technologie

Bei der Klärung der technischen Anforderungen an die auszuwählende Hardware muss der aktuelle technologische Standard der RFID beachtet werden.

Die Anwendung und die weitere Verbreitung von RFID hängen entscheidend davon ab, dass es gelingt, die technischen Funktionen und Spezifikationen so zu standardisieren, dass der Datenaustausch zwischen den Hardwarekomponenten unternehmensübergreifend möglich wird. Die beteiligten Unternehmen müssen bestimmte Standards an den Schnittstellen zu den Partnern in der Prozesskette einhalten.

Fortschreitende Standardisierung und damit verbundene niedrigere Anschaffungskosten sind Voraussetzungen für einen wirtschaftlichen Einsatz von RFID in KMU. Ein großes Unternehmen setzt beispielsweise auf den neuen EPC-Standard, der auf einer Erweiterung des für Barcodes genutzten EAN-Standards beruht. Für mittelständische Unternehmen, die mit dieser herkömmlichen Technik arbeiten, ist dies bei der Einführung von RFID ein Vorteil. Nach Aussage eines Unternehmens müssen die Lieferanten des Handels, auch die kleinen und mittleren Unternehmen, in der Lage sein, RFID-Etiketten nach EPC-Standard zu erzeugen und an ihren Produkten anzubringen.

Im ISO-Bereich werden Standards entwickelt, die teilweise ein höheres Leistungsspektrum besitzen und so die Grundlage für weltweit erfolgreichen Datenaustausch und eindeutige Identifikationsprozesse bieten.

6.6 Einbindung in das bestehende EDV-System

Mit der Implementierung eines RFID-Systems steigt die zu erfassende, zu speichernde und zu verarbeitende Datenmenge stark an. Das vorhandene EDV-System muss gegebenenfalls in seiner Leistungsfähigkeit an die neuen technologischen Erfordernisse angepasst werden.

Um einen Überblick über mögliche Anpassungen des EDV-Systems im Rahmen einer RFID-Implementierung zu gewinnen, können folgende Fragen helfen:

- Wie groß wird die zukünftige Datenmenge in etwa sein?
- Reicht die Leistungsfähigkeit des bestehenden EDV-Systems für die RFID-Implementierung aus?
- Muss das EDV-System an die Erfordernisse der neuen Technologie angepasst und gegebenenfalls erweitert werden?
- Bedarf das EDV-System einer umfassenderen Neukonzeption?
- Ist die Einbindung in das vorhandene EDV-System für das Unternehmen aus eigener Kraft leistbar oder müssen externe Dienstleister beauftragt werden?
- Kann das vorhandene oder aufzubauende EDV-System aus dem RFID-System zur Datensicherung ausgelagerte Daten aufnehmen?
- Reicht der Ausbildungsstand der Mitarbeiter für die zusätzlichen Anforderungen durch die RFID-Anwendung aus?

Die untersuchten Praxisfälle zeigen, dass, bis auf das Unternehmen in Beispiel 5, kein Unternehmen größere Schwierigkeiten bei der Einbindung der entwickelten Lösung in das EDV-System angibt. Allerdings ziehen alle Unternehmen externen Sachverstand von IT-Anbietern oder wissenschaftlichen Instituten heran.

Aktuell arbeiten die Systemanbieter SAP und Intel gemeinsam an vereinfachten Lösungen für die Implementierung von RFID-Systemen in die bestehende Datenverarbeitungsstruktur von Unternehmen. Liegen einfach strukturierte Unternehmensabläufe vor, so empfehlen sie die direkte Integration der RFID-Komponenten in das vorhandene IT-System. Das Angebot von SAP und Intel ermöglicht es Unternehmen, ihre Lesegeräte direkt aus einer internen betrieblichen Anwendung, wie etwa der Lagerverwaltung, zu steuern. Bei komplexeren Strukturen, die RFID-Komponenten von verschiedenen Anbietern erfordern, wird eine externe Betreuung angeboten. Die untersuchten Unternehmen haben die direkte Integration der RFID-Systemkomponenten gewählt, was in den meisten Fällen die effizientere Variante für KMU sein sollte.

6.7 Wirtschaftlichkeitsanalyse

Sind die technischen Anforderungen und die Voraussetzungen für die Investition in ein RFID-System geklärt, so bedarf es für eine abschließende Entscheidung einer Kosten-Nutzen-Analyse. Sie kann unter anderem aus folgenden Einzelschritten bestehen, die in der folgenden Tabelle mit Beispielen aus der Darstellung des best-practice-Beispiels 2 (Werkzeugverwaltung) unterlegt sind:

Prozessschritt	Beispiel
Definition der Zielsetzung der geplanten RFID-Einführung	Verringerung der Ausfallzeiten der Walzen
Beschreibung des Ist-Zustandes ohne RFID	Abnutzungsgrad nicht überwacht
Analyse des angestrebten Sollzustandes mit RFID	Kontinuierliche Erfassung der Abnutzung
Analyse der finanziellen Auswirkungen der Implementierung von RFID unterteilt nach den Kosten der Investition einschließlich Folgekosten	▪ Kosten pro Transponder ▪ Kosten für Software ▪ Kosten für Lesegeräte ▪ Kosten für Qualifizierung
Analyse der quantifizierten Nutzenpotenziale	▪ Personalkostensenkung durch sofortiges Auffinden der Walze ▪ Senkung der Lagerkosten
Bewertung der Investition durch Kennzahlen	▪ Termintreue ▪ Dauer der Auftragsabwicklung

Tabelle 8: Schritte der Wirtschaftlichkeitsanalyse

Für eine belastbare Kostenkalkulation müssen die gesamten **Prozesskosten** erfasst werden. Zu den Stückkosten für die Hardwarekomponenten wie Transponder und Lesegeräte kommen Kosten der Änderung und der Anpassung der betrieblichen Ablaufprozesse sowie die Aufstockung der vorhandenen Hard- und Software hinzu. Möglicherweise erforderliche Qualifikationen der Mitarbeiter können weiterer Bestandteil der Gesamtinvestition sein.

Ein entscheidender Kostenfaktor ist der Transponderpreis. Er hängt von den technischen Eigenschaften des Transponders ab. Aktive Transponder sind im Vergleich zu passiven wesentlich teurer. Sie sind deshalb nur für Anwendungen geeignet, bei denen ihre technischen Eigenschaften unverzichtbar sind.

Aktive Transponder kosten heute ab 20 Euro, haben allerdings neben einer höhere Reichweite eine deutlich größere Speicherkapazität als passive. Letztere sind bei RFID-Anwendungen am weitesten verbreitet, da sie aufgrund ihres geringeren Preises (ab acht Cent) in hohen Stückzahlen eingesetzt werden können*.

Für eine verbreitete Ablösung des Barcodes auf Artikelebene müsste der Preis für Smart Labels unter einen Cent sinken, was in absehbarer Zeit als nicht wahrscheinlich gilt. Deshalb werden Barcode und Smart Label noch einige Zeit parallel genutzt werden. Der Einsatz passiver Transponder lohnt sich bei höherwertigen Produkten wie Elektroerzeugnissen oder Arzneimitteln, während für die Identifikation von Massenware auf Artikelebene vorerst weiterhin der Barcode Verwendung finden wird.

Abbildung 12: Smart Label (Quelle: Elmicron)

Für KMU ist die Relation der Transponderkosten zum Wert des zu identifizierenden Objektes wichtiger Maßstab für die Entscheidung für oder gegen RFID. RFID kommt etwa dann infrage, wenn hochwertige Objekte mit Transpondern ausgestattet und diese mehrfach oder dauerhaft eingesetzt werden.

* Stand dieser und folgender Preisangaben: 12/2005.
Bitte beachten Sie, dass sich diese ändern können und vor allem von der Auflagenhöhe abhängig sind.

Auf der Nutzenseite müssen die Kostensenkungspotenziale durch die RFID-Anwendung erfasst werden. Getrennt nach Prozessschritten kann analysiert werden, zu welcher Effizienzsteigerung RFID gegenüber bisherigen Prozessabläufen führen kann. Die folgenden Übersichten zeigen diese Vorgehensweise anhand des Einsatzes in der Werkzeugverwaltung:

Prozessschritt: Eingang eines Kundenauftrags	
Ist-Ablauf	Prüfung der Papierdokumente, ob zur Herstellung benötigte Stanzwalzen in ausreichender Stückzahl vorhanden sind oder nachbestellt werden müssen.
Ablauf mit RFID	Ständige automatische Identifikation der Werkzeuge im Lager, beim Ein- und Ausgang der Werkzeuge, im Ultraschallbad und an den Maschinen.
Vorteil durch RFID	Zeit- und Kostenersparnis, da händische Dokumentations- und umständliche Suchvorgänge entfallen.

Tabelle 9: Nutzenbewertung 1

Prozessschritt: Fertigung	
Ist-Ablauf	Daten über den Abnutzungsgrad der Werkzeuge sind nicht vorhanden. Deshalb fallen im Fertigungsprozess eingesetzte Werkzeuge aus und müssen ersetzt, repariert oder nachbestellt werden.
Ablauf mit RFID	RFID-Transponder messen die Nutzung der Werkzeuge durch präzises Erfassen der Umdrehungszahl. Für den Produktionsvorgang falsche Werkzeuge oder solche, die nicht mehr die erforderliche Stückzahl leisten, werden vor Produktionsbeginn erkannt.
Vorteil durch RFID	Kosten- und Zeitersparnis, da eine vorbeugende Wartung der Werkzeuge möglich ist und Fertigungsausfälle sowie zeitliche Verzögerungen durch Einsatz und Austausch abgenutzter Werkzeuge entfallen.

Tabelle 10: Nutzenbewertung 2

Der mit der RFID-Anwendung angestrebte Nutzen muss quantifiziert und dann den Investitionskosten gegenübergestellt werden. In der Praxis bereitet die Nutzenmessung meist mehr Schwierigkeiten als die Erfassung der Kosten. Die Nutzenquantifizierung wird im Folgenden am Warenausgang in einem Markt von Beispiel 4 exemplarisch dargestellt:

Prozessschritt: Warenausgang im Markt	
Ablauf ohne RFID	Container werden mit Barcodelabeln versehen (Einwegverwendung).
Ablauf mit RFID	Ladungsträger werden mit wieder verwendbaren RFID-Transpondern ausgestattet.
Vorteil durch RFID	Kosten für Barcodelabel entfallen und Konflikte durch Verlust von Barcodelabeln werden vermieden.

Tabelle 11: Nutzenbewertung 3

Exemplarische Nutzenquantifizierung durch Wegfall der Barcodelabel:

Ersparnis Anschaffungskosten	
Preis pro Barcodelabel:	1 Cent
Rollbehälter im Einsatz:	15.000 Stück
angenommene Umschlagshäufigkeit je Container:	20 pro Monat
Kostenersparnis durch Wegfall Barcodelabel: 1 Cent * 15.000 * 20 =	**3.000 Euro / Monat**
Ersparnis Personalkosten	
Zeitersparnis durch den Wegfall des Anbringens der Barcodelabel vor jedem Rücklauf:	6 Sekunden
angenommene Personalkosten:	25 Euro je Stunde
6 Sec. * 15.000 * 20 =	500 Arbeitsstunden
Kostenersparnis: 500 * 25 =	**12.500 Euro / Monat**

Die hier beispielhaft aufgezeigte Quantifizierung muss für alle weiteren Nutzenannahmen durchgeführt werden. Fehlen exakt messbare Daten, so müssen Schätzungen vorgenommen werden, wie es im Beispiel für den Wegfall von Konflikten zwischen Kunde und Lager wegen verloren gegangener Label gilt.

6.8 Entscheidungsfindung

Kommt die Wirtschaftlichkeitsanalyse zu einem positiven Ergebnis und konnte festgestellt werden, dass alle technischen Anforderungen ausreichend erfüllt werden können, kann eine Entscheidung zugunsten RFID getroffen werden. Die vorgestellten Beispiele zeigen, dass für KMU, die eine betriebsinterne RFID-Lösung einsetzen können und einen eigenen Dispositionsspielraum haben, die Entscheidungsfindung überschaubarer ist. Zwei Unternehmen haben eigene Lösungen entwickelt und suchten sich ihre Partner auf der Seite der RFID-Anbieter und bei den IT-Systemberatern selbst aus. Sie konnten selbstständig entscheiden, ob sie Lieferanten oder Kunden einbeziehen, wobei generell die Wiederverwendbarkeit der eingesetzten Transponder in einem geschlossenen System ein wichtiger Entscheidungsfaktor ist.

Lieferanten einer großen Handelskette ist dieser Entscheidungsspielraum meist nicht gegeben, wobei dennoch oftmals Vorteile entstehen können. Zum einen können innerbetriebliche Prozesse optimiert werden, zum anderen werden KMU bei Konzeption und Implementierung durch externe Dienstleister unterstützt, die ihre Angebote mit den großen Handelsunternehmen abgestimmt haben. Es werden beispielsweise so genannte Starter-Sets speziell für die Lieferanten des Handels angeboten. Sie enthalten entsprechend den Unternehmensanforderungen aufeinander abgestimmte Hardware unterschiedlicher Spezifikation. Die betrieblichen Einsatzszenarien sind so gewählt, dass sie ein möglichst breites Feld an Praxisfällen abdecken.

SAP, Intel und Siemens etwa haben als Partner von Metro im Rahmen eines RFID-Projekts ein Angebot für die teilnehmenden Lieferanten entwickelt, das aufeinander aufbauende, standardisierte RFID-Komponenten inklusive Beratung enthält.

Version	Ausstattung	Preis
Starter Set 1	Smart Chip (RFID-Transponder), RFID-Drucker, Beraterleistung	19.000 Euro
Starter Set 2	Starter Set 1 erweitert um Lesegerät, Server, SAP Auto-ID Infrastructure	keine Angabe
Starter Set 3	Starter Set 2 erweitert um Komponenten, mit denen andere eigene Prozesse mit denen der Metro Group vernetzt werden können	keine Angabe

Tabelle 12: RFID-Einsteigerpakete

Ein vergleichbares Starter-Set bietet auch IBM an. Zu einem Preis von 18.000 Euro enthält es PC, UHF-Lesegeräte, Antennen, Transponder sowie die erforderliche Software und begleitenden Service. Diese Angebote gelten speziell für Teilnehmer beim Metro-Roll-Out, unabhängig davon, ob es sich um große oder mittelständische Konsumgüterhersteller handelt.

Darüber hinaus bietet der Systemanbieter Sun Microsystems zwei Einstiegslösungen für RFID mit unterschiedlicher Hardwareausstattung an. Beide Pakete beinhalten die Vermittlung von Know-how durch Schulung vor Ort. Das Start-Paket auf HF-Basis wird zu einem Preis von 14.100 Euro und die leistungsfähigere Version auf der Basis von UHF für 16.250 Euro angeboten. Beide Einstiegsangebote sind für die Durchführung eines Pilotprojekts geeignet. Verläuft die Pilotphase für den Anwender erfolgreich, so offeriert Sun eine komplette Implementierung als Festangebot.

Auf der CeBIT 2005 hat IBM ein speziell auf die Belange des Mittelstandes im logistischen Bereich abgestelltes Starter-Paket mit Hard- und Software sowie Beratung ab 12.000 Euro vorgestellt.

Die genannten Angebote sollen eine Vorstellung vermitteln, in welchem Kostenrahmen sich Einstiegslösungen aktuell am Markt bewegen. Die Kostenschwelle für die Erprobung von RFID in KMU wird mit diesen Angeboten gesenkt. Obwohl das Investitionsrisiko für die vollständige Implementierung eines Systems dadurch transparenter wird, ist die Entscheidung für RFID nach wie vor eine finanzielle Herausforderung für ein mittelständisches Unternehmen.

Wichtig ist, dass die Techniklieferanten Lösungen anbieten, die in bestehende IT-Strukturen integriert werden können. Dies hilft besonders dem Mittelstand und hat zur Folge, dass die kleinen und mittleren Betriebe trotz des Drucks der Handelsunternehmen Spielräume für eigene Entscheidungen haben. Es ermöglicht ihnen, bei der Partizipation an unternehmensübergreifenden Lösungen eigenständige Zielsetzungen für die Optimierung der innerbetrieblichen Prozessabläufe zu verfolgen. Für KMU, die ohne Druck von Kunden- oder Lieferantenseite ihre betrieblichen Prozesse durch RFID-Anwendungen rationalisieren wollen, erleichtern diese RFID-Einstiegspakete ebenfalls die Investitionsentscheidung für die neue Technik.

7 Fazit

Die Analyse der fünf Praxisfälle und ihre Bewertungen zeigen, dass ein erfolgreicher Einsatz von RFID in KMU prinzipiell möglich ist. Die gewonnenen Erkenntnisse und die daraus entwickelten Handlungsempfehlungen sind je nach untersuchtem Fall unterschiedlich.

Die in der Werkzeug- und Lagerverwaltung (Beispiele 2 und 3) umgesetzten Konzepte beispielsweise verdeutlichen, dass KMU bereits heute mit Erfolg komplexe betriebliche Prozesse, wie die Verwaltung von hochwertigen Investitionsgütern oder die effiziente Steuerung der Lagerlogistik, mit einem RFID-System optimieren können. Sowohl die untersuchten Unternehmen als auch die genannten Anwendungsfelder lassen erkennen, dass es für solche RFID-Lösungen ein breites Einsatzpotenzial im Mittelstand gibt. Die Analyse dieser beiden Praxisfälle erlaubt den Schluss, dass KMU, für die eine unternehmensinterne, eigenständige RFID-Anwendung in Frage kommt, eine solche Investitionsentscheidung ohne Zeitverzögerung angehen können.

Die Untersuchung des Projektes in der Konsumgüterindustrie (Beispiel 5) zeigt, dass die Kosten dieser RFID-Lösung überwiegend zu Lasten des Lieferanten gehen und der Nutzen in erster Linie auf der Handelsseite liegt. Deshalb müssen mittelständische Hersteller, die unter dem Druck stehen, RFID in ihrem Unternehmensprozess einzusetzen, von Anfang an prüfen, welche eigenständigen innerbetrieblichen Nutzenpotenziale realisiert werden können. So kann bereits in der Planung berücksichtigt werden, wie eigener Wareneingang und Durchlaufzeiten in Produktion und Lagerung optimiert werden können, eine permanente Inventur zu installieren ist und eventuelle Diebstahlsicherungs- und Rückverfolgungsprobleme zu lösen sind. In der Ausschöpfung dieser zusätzlichen eigenen Nutzenpotenziale liegt die Chance für KMU, als Partner großer Handelsunternehmen eine wirtschaftliche Anwendung von RFID zu erreichen.

Die Analyse der beiden Praxisfälle 1 und 4 hat zum Ergebnis, dass es sich um technisch sehr anspruchsvolle Anwendungen mit hohen Entwicklungskosten handelt, die im Rahmen einer Verbundgruppe des Handels realisiert werden konnten. Ein mittelständisches Handelsunternehmen kann einen solchen RFID-Einsatz meist nicht aus eigener Kraft realisieren. Mittelständische Händler haben aber bei beiden Anwendungen von Beginn an einen Nutzen. Nichtmitgliedern einer Verbundgruppe ist zu empfehlen, bei der Implementierung von RFID und der Systembetreuung eine Kooperation mit Partnern anzustreben.

Zentraler Befund aller best-practice-Beispiele ist, dass die RFID-Technologie mit den dazu gehörigen Anwendungen einen Reifegrad hat, der sie für die Implementierung in KMU, nach sorgfältiger Planung der Investition, infrage kommen lässt. Eine generelle Empfehlung an mittelständische Unternehmen, sie sollten sich bei einer Entscheidung noch Zeit lassen, um die weitere Entwicklung zu beobachten, vor allem in Bezug auf die Leistungsfähigkeit der Systeme, die Preise der Systemkomponenten und eine weitere Standardisierung, kann nicht gegeben werden.

Die zukünftige Verbreitung von RFID-Systemen ist wesentlich davon bestimmt, wie sich die Kosten von Hard- und Software entwickeln. Davon hängt auch ein verbreiteter Einsatz von RFID in KMU ab. Die Untersuchungen haben gezeigt, dass die Systemanbieter den Markt für Einstiegslösungen in RFID für den Mittelstand bereits intensiv bearbeiten.

Schon jetzt ist der RFID-Einsatz eine wirtschaftliche Option, wenn die Relation vom Preis der verwendeten Transponder als Hauptkostenfaktor zum Wert des zu identifizierenden Objektes günstig ist. Die untersuchten Praxisfälle zeigen, dass dies besonders für unternehmensinterne Lösungen zutrifft, bei denen in einem geschlossenen Kreislauf relativ hochwertige Güter mit mehrfach oder nahezu unbegrenzt einsetzbaren Transpondern ausgestattet werden. Ein weiterer Rückgang der Kosten wird die Anwendung bei unternehmensinternen Problemlösungen beschleunigen.

Die Analyse des Praxisfalles der Produktverfolgung zwischen Hersteller bzw. Lieferant und Handel zeigt, dass hier die Entwicklungsperspektiven von RFID anders zu beurteilen sind. Eine Senkung der Transponderpreise erleichtert die für die Zukunft angestrebte Produktverfolgung auf Artikelebene. Als entscheidendes Kriterium erweist sich, dass es darauf ankommt, ob der mittelständische Hersteller oder Lieferant höherwertige Artikel mit Transpondern ausstatten muss oder ob es sich um geringwertige Massenware handelt. Die in diesem Fall erforderliche Absenkung des Transponderpreises unter einen Cent wird in der Praxis skeptisch eingeschätzt. Daraus kann der Schluss gezogen werden, dass bei der Verfolgung von Massenprodukten mit RFID auf längere Sicht nur eine Identifizierung auf Behälter- bzw. Palettenebene wirtschaftlich ist. Daher müssen KMU prüfen, ob diese Auszeichnungsebene für die Optimierung unternehmensinterner Prozesse ausreicht.

RFID hat für den Einsatz in kleinen und mittleren Unternehmen seine Praxistauglichkeit erwiesen. Die moderne Auto-ID-Technologie ist für mittelständische Unternehmen eine wirtschaftliche Investitionsmöglichkeit, deren Überprüfung im konkreten Einzelfall empfohlen werden kann.

8 Abkürzungsverzeichnis

AutoID →
Automatischen Identifikation von Objekten

DESADV →
Despatch Advice

EAN →
European Article Number

ECR →
Efficient Consumer Response

EDI →
Elektronischer Datenaustausch

EDV →
Elektronische Datenverarbeitung

EPC →
Electronic Product Code

EU →
Europäische Union

GHz →
Gigahertz

HF →
Hochfrequenz

ID-Nummer →
Identifikationsnummer

IEC →
International Electrotechnical Commission

ISO →
International Organization for Standardization

kMz →
Kilohertz

KMU →
kleine und mittlere Unternehmen

LAN →
Local Area Network

LF →
Langwellen (low frequency)

MDE →
Mobiles Datenerfassungsgerät

MHz →
Megahertz

NVE →
Nummer der Versandeinheit = SSCC

RFID →
Radio Frequency Identification

RF-Modul →
Radio Frequency Modul

ROI →
Return on Investment

SCM →
Supply chain management

SSCC →
Serial shipping container code = NVE

Tag →
Transponder

UHF →
Ultrahochfrequenz

W-LAN →
Wireless-Local Area Network

9 Anbieterverzeichnis

Wir können keine Garantie auf Vollständigkeit und Aktualität dieses Verzeichnisses übernehmen, sind aber bemüht, die Anbieterdatenbank unter **www.hessen-it.de/datenbank** ständig aktuell zu pflegen.

Hessische Anbieter

- **AIM-D e.V.**
  Bürstädter Straße 64
  68623 Lampertheim
  Telefon 06206 / 13177
  Fax 06206 / 13173
  aimgermany.aimglobal.org

- **Basys Solutions GmbH**
  Gartenstraße 27
  61352 Bad Homburg
  Telefon 06172 / 171090
  Fax 06172 / 17109299
  info@basys-solutions.com
  basys-solutions.org

- **C4 Marketing Service GmbH**
  Gottlieb-Daimler-Straße 7
  63128 Dietzenbach
  Telefon 06074 / 91760
  Fax 06074 / 9176207
  info@c4-msb.de
  www.c4-msb.de

- **Checkpoint Systems GmbH**
  Westerwaldstraße 3-13
  64646 Heppenheim
  Telefon 06252 / 7030
  Fax 06252 / 703198
  de-info@eur.checkpt.com
  www.checkpointeurope.com

- **DETEC Decision Technology Software GmbH**
  Bensheimer Straße 61
  65428 Rüsselsheim
  Telefon 06142 / 35750
  Fax 06142 / 357599
  ruesselsheim@detec.de
  www.detec.de

- **EBV Elektronik GmbH**
  Borsigstraße 7
  65205 Wiesbaden
  Telefon 0611 / 2280880
  Fax 0611 / 22808899
  www.ebv.com

- **Elmicron GmbH**
  Elmicron Office Rhein-Main
  Telefon 06081 / 409380
  info@elmicron.de
  www.elmicron.de

- **F + D Feinwerk- und Drucktechnik GmbH**
  Kirchenstraße 38
  69239 Neckarsteinach
  Telefon 06229 / 7000
  Fax 06229 / 70067
  info@fuddruck.de
  www.fuddruck.de

- **FEIG ELECTRONIC GmbH**
  Lange Straße 4
  35781 Weilburg-Waldhausen
  Telefon 06471 / 31090
  Fax 06471 / 310999
  info@feig.de
  www.feig.de

- **FlexSecure GmbH**
  Industriestraße 12
  64297 Darmstadt
  Telefon 06151 / 501230
  Fax 06151 / 5012319
  info@flexsecure.de
  www.flexsecure.de

- **ICS International AG**
  Siemensstraße 11
  61267 Neu-Anspach
  Telefon 06081 / 940070
  Fax 06081 / 940075
  info@ics-ident.de
  www.ics-ident.de

- **inconso AG**
  Dieselstraße 1-7
  61231 Bad Nauheim
  Telefon 06032 / 3480
  Fax 06032 / 348100
  marketing@inconso.de
  c1.inconso.de

- **Integer Solutions GmbH**
  Gartenstraße 27
  61352 Bad Homburg
  Telefon 06172 / 597630
  Fax 06172 / 5976377
  Office@integer-solutions.com
  www.integer-solutions.com

- **MOBA Mobile Automation AG**
  Kapellenstraße 15
  65555 Limburg
  Telefon 06431 / 95770
  Fax 06431 / 9577177
  moba-ag@moba.de
  www.moba.de

- **Opticon Sensoren GmbH**
  Waldstraße 92
  63128 Dietzenbach
  Telefon 06182 / 93700
  Fax 06182 / 937033
  sales.de@opticon.com
  www.opticon-sensoren.de

- **PRINTRONIX Deutschland GmbH**
  Goethering 56
  63067 Offenbach
  Telefon 069 / 8297060
  Fax 069 / 82970622
  emeasales@printronix.com
  www.printronix.de

- **PSC GmbH**
  Röntgenstraße 43
  64291 Darmstadt
  Telefon 06151 / 93580
  Fax 06151 / 935897
  de.psc.com

- **REA Elektronik GmbH**
  Teichwiesenstraße 1
  64367 Mühltal-Waschenbach
  Telefon 06154 / 6380
  Fax 06154 / 638195
  reainfo@rea.de
  www.rea-elektronik.net

- **SATO Deutschland GmbH**
  Schaberweg 28
  61348 Bad Homburg
  Telefon 06172 / 68180
  Fax 06172 / 6818190
  info@be.satoeurope.com
  www.sato-deutschland.de

- **Seiko Instruments GmbH**
  Siemensstraße 9
  63263 Neu-Isenburg
  Telefon 06102 / 2970
  Fax 06102 / 297320
  Frank.Menigat@seiko-instruments.de
  www.seiko-instruments.de

- **Sokymat Transponder Technologies GmbH**
  Am Klingenweg 6A
  65396 Walluf
  Telefon 06123 / 791350
  Fax 06123 / 791113
  www.sokymat.com

- **Sun Microsystems GmbH**
  Ampèrestraße 6
  63225 Langen
  Telefon 06103 / 7520
  Fax 06103 / 752299
  de.sun.com

- **Symbol Technologies GmbH & Co. KG**
  Waldstraße 66
  63128 Dietzenbach
  Telefon 06074 / 49020
  Fax 06074 / 42795
  info.germany@de.symbol.com
  www.symbol.com/germany

- **T-Systems International GmbH**
  Hahnstraße 43d
  60528 Frankfurt am Main
  Telefon 069/ 665310
  Fax 069 / 665319
  info@t-systems.com
  www.t-systems.de

- **Waldemar Winckel GmbH & Co. KG**
  Jahnstraße 49
  64319 Pfungstadt-Eschollbrücken
  Telefon 06157 / 974771
  Fax 06157 / 974772
  info@winckel.de
  www.winckel.de

Weitere deutsche Anbieter

- **3M Deutschland GmbH**
  Carl-Schurz-Straße 1
  41453 Neuss
  Telefon 02131 / 140
  Fax 02131 / 142649
  mdoering@mmm.com
  www.3m.com

- **Accu-Sort / EuropeGmbH**
  Ruhlsdorfer Straße 95
  14532 Stahnsdorf
  Telefon 03329 / 63930
  Fax 03329 / 63939
  europe@accusort.de
  www.accusort.com

- **ADT Germany**
  Hansestraße 91
  51149 Köln
  Telefon 02203 / 9773400
  Fax 02203 / 9773420
  anfrage@adt-germany.de
  www.adt-germany.de

- **ADT Security Deutschland GmbH**
  Alfredstraße 236
  45133 Essen
  Telefon 0201 / 26680
  Fax 0201 / 2668119
  info@adt-deutschland.de
  www.adt-deutschland.de

- **AEG Identifikationssysteme GmbH**
  Söflinger Straße 100
  89077 Ulm
  Telefon 0731 / 9331566
  Fax 0731 / 9331855
  sales@aegid.de
  www.aegid.de

- **ATMEL**
  Theresienstraße 2
  74025 Heilbronn
  Telefon 07131 / 673636
  Fax 07131 / 673163
  www.atmel.com/dyn/general/contact_list.asp

- **Balluff GmbH**
  Schurwaldstraße 9
  73765 Neuhausen auf den Fildern
  Telefon 07158 / 1730
  Fax 07158 / 5010
  balluff@balluff.de
  www.balluf.de

- **BALTECH AG**
  Lilienthalstraße 27
  85399 Hallbergmoos
  Telefon 0811 / 998810
  Fax 0811 / 9988111
  info@baltech.de
  www.baltech.de

- **Baumer Ident GmbH**
  Hertzstraße 10
  69469 Weinheim
  Telefon 06201 / 99570
  Fax 06201 / 995799
  info@baumerident.com
  www.baumerident.com

- **bci - Gesellschaft für Identtechnik und Datenkommunikation mbH**
  Grosshorst 15a
  30916 Isernhagen
  Telefon 05136 / 88310
  Fax 05136 / 883188
  www.bci-gmbh.de

- **Bizerba GmbH & Co. KG**
  Wilhelm-Kraut-Straße 65
  72336 Balingen
  Telefon 07433 / 122230
  Fax 07433 / 122933
  service@bizerba.de
  www.bizerba.com/de

- **Bluhm Systeme**
  Honnefer Straße 41
  53572 Unkel
  Telefon 02224 / 77080
  Fax 02224 / 770820
  info@bluhmsysteme.com
  www.bluhmsysteme.com

- **Brooks Automation GmbH - RFID Division**
  Gartenstraße 19
  95490 Mistelgau
  Telefon 09279 / 991550
  Fax 09279 / 991501
  info.rfid@brooks.com
  www.ready4rfid.com

- **BSS Systemtechnik GmbH**
  Am Brühlfeld 73
  66424 Homburg (Saar)
  Telefon 06841 / 97100
  Fax 06841 / 971010
  info@bss-systemtechnik.de
  www.bss-systemtechnik.de

- **cab Produkttechnik GmbH & Co KG**
  Wilhelm-Schickard-Straße 14
  76131 Karlsruhe
  Telefon 0721 / 66260
  Fax 0721 / 6626129
  info@cabgmbh.com
  www.cabgmbh.com

- **COSYS Ident GmbH**
  Am Kronsberg 1
  31188 Holle-Grasdorf
  Telefon 05062 / 900
  Fax 05062 / 9030
  vertrieb@cosys.de
  www.cosys.de

- **Datacolor Dialog-Medien GmbH**
  Wilhelm-Fressel-Straße 2
  21337 Lüneburg
  Telefon 04131 / 8960
  Fax 04131 / 896224
  info@datacolor.de
  www.datacolor.de

- **DATALOGIC GmbH**
  Uracher Straße 22
  73268 Erkenbrechtsweiler
  Telefon 07026 / 6080
  Fax 07026 / 5746
  info@de.datalogic.com
  www.datalogic.de

- **DC-Datensysteme Vertriebs GmbH**
  Am Sonnenberg 3
  63820 Elsenfeld
  Telefon 09374 / 99883
  Fax 09374 / 99885
  dc-datensysteme@t-online.de
  www.dc-datensysteme.de

- **deister electronic GmbH**
  Hermann-Bahlsen-Straße 11
  30890 Barsinghausen
  Telefon 05105 / 51601
  Fax 05105 / 516217
  deister@deister-gmbh.de
  www.deister.com

- **DTE Automation GmbH**
  Heidestraße 38
  32051 Herford
  Telefon 05221 / 1012200
  Fax 05221 / 1012201
  info@dte.de
  www.dte.de

- **Dynamic Systems GmbH**
  Technopark Oberpfaffenhofen
  Argelsrieder Feld 11
  82234 Wessling
  Telefon 08153 / 90960
  Fax 08153 / 909696
  info@dynamic-systems.de
  www.dynamic-systems.de

- **EAS Deutschland GmbH**
  Max-Planck-Straße 4
  78052 Villingen-Schwenningen
  Telefon 07721 / 20276
  Fax 07721 / 202780
  info@eas-deutschland.com
  www.eas-deutschland.com

- **ELTEX Industriekennzeichnung GmbH**
  Schaberger Straße 59
  42659 Solingen
  Telefon 0212 / 242080
  Fax 0212 / 2420810
  info@eltex-ident.com
  www.eltex-ident.de

- **ESC Barcode GmbH**
  Fasanenweg 1
  82061 Neuried
  Telefon 089 / 89915511
  Fax 089 / 89915530
  info@esc-barcode.de
  www.esc-barcode.de

- **ESKAPE Identifikationstechnik AG**
  Julius-Probst-Straße 1
  66459 Kirkel-Limbach
  Telefon 06841 / 7777888
  Fax 06841 / 7777877
  info@eskape.de
  www.eskape.de

- **EUCHNER GmbH + Co. KG**
  Kohlhammerstraße 16
  70771 Leinfelden-Echterdingen
  Telefon 0711 / 75970
  Fax 0711 / 753316
  info@euchner.de
  www.euchner.de

- **EURO I.D. Identifikationssysteme GmbH & Co. KG**
  Metternicher Straße 4
  53919 Weilerswist
  Telefon 02254 / 94090
  Fax 02254 / 940970
  info@euroid.com
  www.euroid.com

- **Fleischhauer Datenträger GmbH**
  Forellstraße 120
  44653 Herne
  Telefon 02323 / 987790
  Fax 02323 / 98779499
  direct@fdas.de
  www.fdas.de

- **Fraunhofer-IMS**
  Finkenstraße 61
  47057 Duisburg
  Telefon 0202 / 3783228
  Fax 0202 / 3783266
  www.ims.fhg.de

- **Fraunhofer-Institut für Photonische Mikrosysteme**
  Maria-Reiche-Straße 2
  01109 Dresden
  Telefon 0351 / 88230
  Fax 0351 / 8823266
  www.ipms.fraunhofer.de

- **g-ident GmbH**
  Dieselstraße 9-11
  70839 Gerlingen
  Telefon 07156 / 201188
  Fax 07156 / 201166
  contact@g-ident.com
  www.g-ident.com

- **GiS Gesellschaft für Informatik und Steuerungstechnik mbH**
  Höllochstraße 1
  73252 Lenningen
  Telefon 07026 / 6060
  Fax 07026 / 60666
  ident@gis-net.de
  www.gis-net.de

- **GLOBOS Logistik- und Informationssysteme GmbH**
  Ahrensburger Straße 1
  30659 Hannover
  Telefon 0511 / 769200
  Fax 0511 / 76920222
  info@globos.de
  www.globos.de

- **GOD Barcode Marketing mbH**
  Neurott 18
  74931 Lobbach
  Telefon 06226 / 95050
  Fax 06226 / 950540
  post@godbm.de
  www.godbm.de

- **Große Elektrotechnik GmbH**
  Dieselstraße 9-11
  70839 Gerlingen
  Telefon 07156 / 201160
  Fax 07156 / 201166
  Info@grosse-id.de
  www.grosse-id.de

- **heddier electronic Gesellschaft für innovative Datensysteme mbH**
  Pascherhook 34
  48653 Coesfeld
  Telefon 02546 / 9110
  Fax 02546 / 91129
  CPHeddier@heddier.com
  www.heddier.com

- **HERMA GmbH**
  Ulmer Straße 300
  70327 Stuttgart
  Telefon 0711 / 77020
  Fax 0711 / 7702700
  mail@herma.de
  www.herma.de

- **HERMOS Informatik GmbH**
  Gartenstraße 19
  95490 Mistelgau
  Telefon 09279 / 991550
  Fax 09279 / 991501
  info.rfid@brooks.com
  www.hermos-informatik.de

- **Höft & Wessel AG**
  Rotenburger Straße 20
  30659 Hannover
  Telefon 0511 / 61020
  Fax 0511 / 6102411
  info@hoeft-wessel.de
  www.hoeft-wessel.com

- **ICT Integrated Control Technology GmbH**
  Am Hochacker 4 (Technopark)
  85630 Grasbrunn
  Telefon 089 / 461090
  Fax 089 / 46109122
  info@ictglobal.de
  www.ictglobal.de

- **iDTRONIC GmbH**
  Donnersbergweg 1
  67059 Ludwigshafen
  Telefon 0621 / 66900940
  Fax 0621 / 66900949
  info@idtronic.de
  www.idtronic.de

- **IMST GmbH**
  Carl-Friedrich-Gauß-Straße 2
  47475 Kamp-Lintfort
  Telefon 02842 / 98110
  Fax 02842 / 981199
  contact@imst.de
  www.imst.de

- **In.depend GmbH**
  Hansemannstraße 3-5
  41468 Neuss
  Telefon 02131 / 718070
  Fax 02131 / 7180790
  info@independ-gmbh.de
  www.independ-gmbh.de

- **Infineon Technologies AG**
  St. Martin Straße 76
  81541 München
  Telefon 089 / 23481149
  Fax 089 / 23481130
  www.infineon.com

- **inotec Barcode Security GmbH**
  Oderstraße 3
  24539 Neumünster
  Telefon 04321 / 87090
  Fax 04321 / 870930
  info@inotec.de
  www.inotec.de

- **Intermec Technologies GmbH**
  Schiess-Straße 44a
  40549 Düsseldorf
  Telefon 0211 / 536010
  Fax 0211 / 5360150
  info@intermec.de
  www.intermec.de

- **Kieser Druckerei GmbH & Co KG**
  Oskar-von-Miller-Straße 1
  86356 Neusäss
  Telefon 0821 / 48010
  Fax 0821 / 4801239
  info@kieser.de
  www.kieser.de

- **KSW Microtec AG**
  Manfred-von-Ardenne-Ring 12
  01099 Dresden
  Telefon 0351 / 8896010
  Fax 0351 / 8896010
  office@ksw-microtec.de
  www.ksw-microtec.de

- **Lanfer CARGO-TECHNIK GmbH & Co.KG**
  Hoher Weg 13
  46325 Borken-Weseke
  Telefon 02862 / 913116
  Fax 02862 / 913616
  www.cargotechnik.com

- **Leuze electronic GmbH + Co. KG**
  In der Braike 1
  73277 Owen-Teck
  Telefon 07021 / 5730
  Fax 07021 / 573199
  info@leuze.de
  www.leuze.de

- **Logic Way GmbH**
  Hagenower Straße 73
  19061 Schwerin
  Telefon 0385 / 3993448
  Fax 0385 / 3993458
  mail@logicway.de
  www.logicway.de

- **Maxess Systemhaus GmbH**
  Europaallee 3-5
  67657 Kaiserslautern
  Telefon 0631 / 3032500
  Fax 0631 / 3032501
  info@maxess.de
  www.maxess.de

- **Mathias Lück**
  Siemensstraße 12
  52525 Heinsberg
  Telefon 02452 / 91060
  Fax 02452 / 910615
  office@barcoding-luck.com
  www.barcoding-luck.com

- **MEGASET Systemtechnik**
  Hermann-Oberth-Straße 7
  85640 Putzbrunn
  Telefon 089 / 46094410
  Fax 089 / 46094411
  info@megaset.com
  www.megaset.com

- **Microsensys GmbH**
  Am Seegraben 4
  99099 Erfurt
  Telefon 0361 / 598740
  Fax 0361 / 5987417
  marketing@microsensys.de
  www.microsensys.de

- **MIKODATA Computerperipherie GmbH**
  Kronsaalsweg 20
  22525 Hamburg
  Telefon 040 / 5480800
  Fax 040 / 54808077
  info@mikodata.de
  www.mikodata.de

- **Mobisys Mobile Informationssysteme GmbH**
  Altrottstraße 26
  69190 Walldorf
  Telefon 06227 / 86350
  Fax 06227 / 863555
  info@mobisys.de
  www.mobisys.de

- **Motz-Computer Service und Vertriebs GmbH**
  Pfennigbreite 20-22
  37671 Höxter
  Telefon 05271 / 97040
  Fax 05271 / 970494
  info@motz.de
  www.motz.de

- **Océ-Deutschland GmbH**
  Solinger Straße 5-7
  45481 Mülheim an der Ruhr
  Telefon 0208 / 48450
  Fax 0208 / 480950
  ves@oce.de
  www.oce.com

- **Omron Electronics GmbH**
  Elisabeth-Selbert-Straße 17
  40764 Langenfeld
  Telefon 02173 / 68000
  Fax 02173 / 6800400
  info.de@eu.omron.de
  www.europe.omron.com

- **PAV CARD**
  Hamburger Straße 6
  22952 Lütjensee
  Telefon 04154 / 7990
  Fax 04154 / 799151
  info@pavcard.de
  www.pavcard.de

- **PAXAR Central Europe GmbH**
  Harkortstraße 20
  45549 Sprockhövel
  Telefon 0700 / 72927238
  Fax 0700 / 72927238
  info@paxar.de
  www.paxar-emea.com/de/index.html

- **PDS GmbH**
  Peripherie - Daten - Systeme
  Ettore-Bugatti-Straße 35
  51149 Köln
  Telefon 02203 / 18880
  Fax 02203 / 18880
  info@pdsgmbh.de
  www.pdsgmbh.de

- **Pepperl+Fuchs GmbH**
  Königsberger Allee 87
  68307 Mannheim
  Telefon 0621 / 7760
  Fax 0621 / 7761000
  info@de.pepperl-fuchs.com
  www.pepperl-fuchs.com

- **Prologis Automatifikation und Identifikation GmbH**
  Hagsdorfer Straße 3
  85368 Sixthaselbach
  Telefon 08764 / 93290
  Fax 08764 / 932933
  www.prologis.de

- **Psion Teklogix GmbH**
  Jakob-Kaiser-Straße 3
  47877 Willich
  Telefon 02154 / 92820
  Fax 02154 / 928259
  info@teklogix.de
  www.psionteklogix.de

- **RFID Kompetenzzentrum e.V. Gera**
  Gagarinstraße 30
  07545 Gera
  Telefon 0365 / 86764
  Fax 0365 / 86764
  info@rfid-kompetenz.de
  www.rfid-kompetenz.de

- **Rommel GmbH**
  Max-Planck-Straße 23
  89584 Ehingen
  Telefon 07391 / 70600
  Fax 07391 / 706070
  rommel@rommel-gmbh.de
  www.rommel-gmbh.de

- **SCEMTEC Transponder Technology GmbH**
  Gewerbeparkstraße 20
  51580 Reichshof-Wehnrath
  Telefon 02265 / 9960
  Fax 02265 / 996299
  info@scemtec.com
  www.scemtec.de

- **Schneider-Kennzeichnung GmbH**
  Lehmfeldstraße 7
  70374 Stuttgart
  Telefon 0711 / 9539490
  Fax 0711 / 95394959
  info@schk.de
  www.schk.de

- **Schreiner LogiData GmbH & Co. KG**
  Waldvögeleinstraße 12
  80995 München
  Telefon 089 / 158160
  Fax 089 / 15816109
  info@schreiner-logidata.de
  www.schreiner-group.de

- **Schwarz Druck GmbH & Co KG**
  Industriestraße 2
  83734 Hausham
  Telefon 08026 / 3970
  Fax 08026 / 39758
  www.schwarz-druck.de

- **Seeburger AG**
  Edisonstraße 1
  75015 Bretten
  Telefon 07252 / 960
  Fax 07252 / 962222
  info@seeburger.de
  seeburger.de

- **SICK Vertriebs-GmbH**
  Schiessstraße 56
  40549 Düsseldorf
  Telefon 0211 / 53010
  Fax 0211 / 5301100
  vzdtid05@sick.de
  www.sick.de

- **Siemens AG Factory Automation Sensors Simatic Sensors Abt. A & D PT 7**
  Gleiwitzerstraße 555
  90475 Nürnberg
  Telefon 0911 / 8950
  fas.marketing@siemens.com
  www.siemens.de/simatic-sensors

- **smart-TEC GmbH & Co. KG**
  Kolpingring 3
  82041 Oberhaching
  Telefon 089 / 6130780
  Fax 089 / 6130789
  info@smart-tec.com
  www.smart-tec.com

- **System Print Hitpaß GmbH**
  Zum Tollberg 18
  46499 Hamminkeln
  Telefon 02852 / 91530
  Fax 02852 / 94101
  mail@system-print.de
  www.system-print.de

- **TagStar Systems GmbH**
  Mühlweg 2c
  82054 Sauerlach
  Telefon 08104 / 469510
  Fax 08104 / 469511
  www.tagstar-systems.de

- **TBN Identifikation und Netzwerke GmbH**
  Lodenheide 2
  40724 Hilden
  Telefon 02103 / 911650
  Fax 02103 / 9116529
  info@tbn.de
  www.tbn.de

- **Texas Instruments Deutschland GmbH**
  Haggertystraße 1
  85356 Freising
  Telefon 08161 / 800
  Fax 08161 / 84516
  c-krieber1@ti.com
  www.ti-rfid.com

- **TOSHIBA TEC Europe Niederlassung Deutschland**
  Europark Fichtenhain B 15
  Carl-Schurz-Straße 2
  47807 Krefeld
  Telefon 02151 / 83801
  Fax 02151 / 838480
  info@toshibatec-eu.de.
  www.toshibatec-eu.de

- **Toyota Tsusho Europe S.A. Denso ID Systems Department**
  Carl-Schurz-Straße 2
  41460 Neuss
  Telefon 02131 / 36910
  Fax 02131 / 3691502
  info@denso-id.de
  www.denso-id.de

- **U.C.S. Industrielektronik GmbH**
  Rissener Straße 102
  22880 Wedel
  Telefon 04103 / 931011
  Fax 04103 / 16005
  www.ucs-industrieelektronik.de

- **x-ident technology GmbH**
  Kreuzauer Straße 33
  52355 Düren
  Telefon 02421 / 597324
  Fax 02421 / 597327
  info@x-ident.com
  www.iq-paper.com

- **Zeitcontrol Cardsysteme GmbH**
  Siedlerweg 39
  32429 Minden
  Telefon 0571 / 505220
  Fax 0571 / 5052299
  sales@zeitcontrol.de
  www.transponder.de

Foto: PhotoCase.com

10 Die Aktionslinie hessen-it

hessen-it ist die Aktionslinie des Hessischen Ministeriums für Wirtschaft, Verkehr und Landesentwicklung für den gesamten IT-Markt in Hessen. hessen-it bietet Informationen und Services zum Online-Markt, zu E- und M-Commerce, zu Software- und Telekommunikationsanbietern sowie über Telearbeit. Angesprochen werden auf der einen Seite die über 6.500 hessischen Anbieter, die Produkte oder Dienstleistungen auf dem Informationstechnologie-Markt anbieten, auf der anderen Seite die kleinen und mittleren Anwender-Unternehmen.

Anbieter-Datenbanken erleichtern die Suche nach geeigneten Dienstleistern bei der Durchführung von IT-Projekten. Gleichzeitig fungieren diese Datenbanken für Anbieter als Informations- und Kommunikations-Plattform, auf der sich diese den Anwendern und potenziellen Kunden präsentieren können.

Newsticker, E-Mail- und Print-Newsletter berichten regelmäßig über den IT-Markt in Hessen. Veröffentlichungen aus der umfangreichen hessen-media Schriftenreihe ergänzen das Informationsangebot der Website, das jedoch weit über das Print-Angebot hinaus geht. Die Broschüren können bequem online bestellt oder heruntergeladen werden.

hessen-it hat verschiedene Netzwerke und Branchentreffs initiiert, in denen sich teils nichtkommerzielle Initiativen, teils kommerzielle Anbieter zusammengeschlossen haben. Regionale Multimedia- und E-Commerce-Zentren sowie IHKs, Handwerkskammern und andere regionale Akteure arbeiten zusammen an dem Ziel, Hessens Weg in die Informationsgesellschaft voran zu bringen.

Einen Überblick über diese Netzwerke und Treffs sowie Terminankündigungen zu Veranstaltungen, an denen sich hessen-it beteiligt, findet man im Online-Terminkalender auf der Website. Denn auch bei internationalen Messen wie der CeBIT oder bei regionalen Veranstaltungen in ganz Hessen sind kompetente Ansprechpartner der Aktionslinie präsent. Hinzu kommen Seminare und Workshops, die hessen-it zu verschiedenen Themen ausrichtet.

Der regelmäßige IT-Dialog Hessen sorgt neben dem vielfältigen virtuellen Informationsangebot für den realen Kommunikationsaustausch innerhalb der hessischen IT-Branche und der Landesregierung und rundet somit das Leistungsangebot ab. Besuchen Sie unsere Webseiten unter

www.hessen-it.de

11 hessen-media: Eine Initiative setzt Zeichen

Mit der Landesinitiative hessen-media leistet die Hessische Landesregierung einen aktiven Beitrag zur Gestaltung des digitalen Zeitalters. Mit einem Bündel von Projekten, Initiativen und Aktionslinien ebnet sie den Weg zur Informations- und Wissensgesellschaft in Hessen.

Zielsetzung von hessen-media ist die Entwicklung und Verbreitung neuer Informations- und Kommunikationstechnologien und deren Anwendung in Wirtschaft, Privathaushalten und im öffentlichen Sektor, an der Schnittstelle zu Bürgern und Wirtschaft. hessen-media fördert Pilot- und Modellprojekte aus allen Lebens- und Arbeitsbereichen. Dazu gehören:

- Bildung und Wissenschaft
- Gesundheit
- Umweltschutz
- Verkehr
- Wirtschaft
- Verwaltung
- Gesellschaft und Soziales
- Multimedia und IT
- Kultur

In der Landesinitiative hessen-media arbeiten Wirtschaft, Wissenschaft und Politik gemeinsam am Ziel, Hessens Position in der Spitzengruppe europäischer Medien- und IT-Standorte zu festigen und auszubauen.

Zusammengefasst stehen für die Landesinitiative hessen-media bei der Projekttätigkeit und der Öffentlichkeitsarbeit vier Schwerpunkte im Vordergrund:

- Stärkung der Medien- und IT-Wirtschaft in Hessen
- Heranführung neuer Nutzergruppen an die Neuen Medien
- Verbesserung der Medienkompetenz und Qualifizierung im Umgang mit den Neuen Medien
- Marketing für den Medien- und IT-Standort Hessen

Um diese Ziele zu erreichen, konzentriert sich hessen-media neben der Initiierung von Pilot- und Modellprojekten auf die Planung und Durchführung von hessischen Firmen-Gemeinschaftsständen auf zahlreichen Messen der Branche, auf die Vermittlung von Medienkompetenz, die Beratung und Begleitung der hessischen Klein- und Mittelbetriebe, die Bereitstellung von Marktübersichten (beispielsweise die Online-Anbieter-Datenbank unter www.hessen-it.de) und eine breite Öffentlichkeitsarbeit, die über die Anwendungsmöglichkeiten interaktiver Dienste und Neuer Medien informiert.

Sind Sie neugierig auf hessen-media? Über unser Internetportal

www.hessen-media.de

erhalten Sie vielfältige Informationen zur Landesinitiative mit Kontaktadressen und Ansprechpartnern konkreter Projekte. Zusätzlich finden Sie dort die neuesten Meldungen aus der hessischen Medien- und IT-Branche und einen Terminkalender mit den wichtigsten Veranstaltungshinweisen. Darüber hinaus können Sie hier den kostenlosen E-Mail-Newsletter der Landesinitiative abonnieren, der für Sie alle 14 Tage kostenlos die neuesten Meldungen aus der hessischen Medienbranche/Medienpolitik in kompakter Form zusammenfasst.

Kontakt:

Geschäftsstelle hessen-media
c/o HA Hessen Agentur GmbH
Abraham-Lincoln-Straße 38-42
65189 Wiesbaden

hessen » Hier ist die Zukunft media

Telefon	0611 / 774-8481
Telefax	0611 / 774-8620
E-Mail	info@hessen-media.de
Internet	www.hessen-media.de

Schriftenreihe hessen-media

Bestellmöglichkeit und Download als PDF-Datei finden
Sie im Internet unter **www.hessen-media.de**

hessen-media (wir über uns)

2001 **Hessen-infoline-Netzwerk** (Band 26)
Projektdokumentation (Band 1)

Bildung und Wissenschaft

2002 **Telemedizin in Hessen - Beiträge aus dem Universitätsklinikum Gießen** (Band 24)

2001 **Entwicklung und Einsatz elektronischer Medien als Lehr- und Lernmittel an hessischen Hochschulen** (Band 27)
Kompetenzzentren und Onlinedienste im Schulwesen - Beispiele für hessen-media Projekte (Band 25)

2000 **Die virtuelle Universität** (Band 15)

E-Government

2002 **Auf dem Weg zu E-Government - Hessens Kommunen im Internet** (Band 37)
Wirtschaftsförderung und Standortmarketing im Internet (Band 36)

Marktstudien IT-Standort Hessen

2004 **Softwareanbieter in Hessen 2004** (Band 50)
Telekommunikationsanbieter in Hessen 2004 (Band 49)

2003 **Online-Anbieter in Hessen** (Band 2)

2002 **E-Shops in Hessen** (Band 28)

2000 **Der Telekommunikationsmarkt in Hessen** (Band 21)

Leitfäden für IT-Anwendungen

2006 **Internet-Marketing nicht nur für kleine und mittlere Unternehmen**

Basel II - Rating für IT-Unternehmen

RFID - Geschäftsprozesse mit Funktechnologie unterstützen

Leitfaden Anti-Spam

Leitfaden VoIP

Leitfaden Webdesign

In modernen Märkten überleben - Kooperationen mittelständischer Softwareunternehmen in Hessen

Surviving in modern markets - SME Cooperation in the software industry in Hessen

2005 **Leitfaden zur Patentierung computerimplementierter Erfindungen** (Band 51)

Recht im Internet (Band 33, 2. Auflage)

Gefunden werden im Internet (Band 32, 2. Auflage)

2004 **Wettbewerbsvorteile durch barrierefreie Internetauftritte** (Band 48)

Domainregistrierung international (Band 47)

Wireless-LAN: Stand und Entwicklungspotenzial, Nutzungsansätze für KMU (Band 46)

2003 **E-Business-Konzepte für den Mittelstand** (Band 45)

Leitfaden „In modernen Märkten überleben" (Band 44)

Projektleitfaden „Software-Ergonomie" (Band 43)

„Digitale Signatur", Leitfaden zum Einsatz digitaler Signaturen (Band 42)

Die Bedeutung der E-Logistik für den Mittelstand (Band 41)

Management von Kundenbeziehungen im Internet (Band 40)

Leitfaden „Webdesign - Internetpräsenzen besser planen und gestalten" (Band 7)

2002 **IT-Sicherheit für den Mittelstand** (Band 38)

E-Paymentsysteme - Bezahlen im Internet (Band 35)

ASP: Mehr als nur Mietsoftware (Band 34)

Recht im Internet (Band 33)

Gefunden werden im Internet (Band 32)

2002 **E-Learning für KMU – Neue Medien in der betrieblichen Aus- und Weiterbildung** (Band 31)

Telehaus Wetter – ein TeleServiceZentrum (Band 30)

2001 **Kasseler Praxis-Dialog Tele@rbeit – Analysen · Erfahrungen · Positionen** (Band 29)

2000 **Leitfaden „Webdesign international"** (Band 22)

E-Shop-Software (Band 20)

Hessische Handwerker entdecken das Internet (Band 19)

Leitfaden zur Anwendung eines Ratingsystems für IT-Unternehmen in Hessen (Band 18)

Software-Dialog Hessen (3) (Band 17)

Leitfaden „E-Shop" (Band 16)